GOLDEN TIME

지상 최대의 작전

이한결 지음

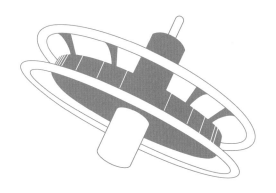

EBS
BOOKS

지상낙원이었던
나우루공화국

남태평양의 작은 섬나라 나우루공화국은 태평양을 가로지르던 새들이 잠시 머물러 가는 휴식처였다. 전 국민이 1만여 명 남짓한 나우루공화국은 1970년부터 새들의 배설물이 오랜 시간 산호초 위에 쌓여 만들어진 인광석을 수출하며 엄청난 부를 얻었다. 1980년대에는 1인당 GDP가 미국과 일본을 훌쩍 뛰어넘어 세계에서 가장 잘사는 나라가 되었다. 그 시절 정부는 국민에게 세금을 걷는 대신 주거와 교육, 의료를 모두 무상으로 제공하고 연간 1억 원의 생활비까지 지원해주었다. 사람들은 너나할 것 없이 외국인 노동자에게 일을 맡겨 놓고 쇼핑을 하거나 여행을 다니며 마음껏 풍요를 즐겼다. 나우루공화국은 그야말로 완벽하게 복지가 실현된 지상낙원이었다.

하지만 새들의 선물을 무한한 자원처럼 퍼내어 일군 풍요는 오래가지 않았다. 1990년대가 되면서 인광석은 동나기 시작했고 채굴량을 늘리기 위해 닥치는 대로 땅을 파헤쳤지만 소용 없었다. 마침내 국고마저 바닥나고 경제적 위기가 찾아왔을 때 이미 과잉 소비에 익숙한 국민은 갑작스럽게 바뀐 환경에 좀처럼 적응하지 못했다. 사소한 일들까지 외국인 노동자에게 의지했던 사람들은 요리나 청소 같은 일상생활조차 스스로 감당하지 못하는 상태였다.

결국 2003년에 인광석 생산은 전면 중단되었고 나우루공화국 사람들은 사치스러운 소비 습관과 나태함에 길든 빈민이 되었다. 더 큰 문제는 인광석 수출에만 의존하다 보니 섬의 생활 기반이었던 어선도 남아 있는 게 없었고 농사를 지을 농지도 죄다 파헤쳐 식량 자급도 어려워졌다는 점이다. 수만 년 동안 자연이 쌓아준 자원 덕분에 탄생한 지상낙원은 고작 30년 만에 국민의 90퍼센트가 실업 상태인 채로 비만과 당뇨병에 시달리는 비극을 맞이했다. 다른 나라의 원조로 겨우 연명하고 있는 나우루공화국은 땅을 파헤치며 고도가 낮아졌고 기후변화로 인한 해수면 상승에 가장 먼저 직격탄을 맞게 되었다.

나우루공화국은 산업화 이후 인류가 살아온 방식을 압축적으로 보여준다. 현재 우리가 누리는 모든 편리함과 풍요는 석탄과 석유, 천연가스 등의 화석연료를 사용해 얻은 것이다. 특히 석유는 난방과 자동차 연료, 각종 산업에 필수적인 에너지원에서부터 플라스틱, 섬유, 의약품 등의 원료까지 사용하지 않는 곳을 찾기 힘들 정도다. 하지만 화석연료도 인광석과 마찬가지로 유한한 자원이다. 아무리 매장량이 많고 새로운 유전을 찾아내고 채굴하는 기술이 발전한다고 해도 결국 수요가 공급을 따라잡는 순간은 오고야 만다.

나우루공화국과 비교하자면 우리에게 닥쳐올 문제는 더 심각하다. 자연의 선물이 바닥나기도 전에 그것을 마구 써버린 대가를 치러야 하기 때문이다. 자연이 수억 년 동안 이산화탄소를 땅속 깊숙이 가둬놓으며 인류가 번성할 수 있는 환경을 만들어주었거늘, 인류는 100년 남짓한 짧은 시간 동안 모든 기술을 동원해 석탄과 석유를 뽑아내고 때면서 이산화탄소를 대기 중으로 돌려보내고 있다. 심지어 그 시간의 대부분 동안 인간의 행위가 어떤 결과를 가져올지 짐작도 못한 채 말이다.

네덜란드의 화학자 파울 크뤼천은 산업화로 인해 인류와 환경의 관계가 달라진 시기를 '인류세Anthropocene'라고 부르자고 제안했다. 다른 모든 생명체와 마찬가지로 환경의 영향을 받던 인류가 화석연료를 사용하면서 환경에 영향을 미치기 시작한 지 100여 년 만에 자연은 기후변화라는 결과를 되돌려주고 있다. 세계 각지에서 100년에 한 번 일어날 법한 태풍과 가뭄, 폭염과 한파가 해마다 발생하고 빙하가 녹으면서 해수면이 차올라 해안가에 사는 수억 명이 삶의 터전을 위협받고 있다. 전 세계 인구는 증가하지만 기후변화는 식량 생산율을 떨어뜨리고 구조적으로 비틀린 식량 체인은 식량 위기를 재촉한다. 기후변화에 더해진 인류의 무분별한 벌목으로 숲이 사라지고 야생에서 문

명으로 강제 이주된 동물이 코로나19 바이러스와 같은 인수공통전염병을 일으키며 우리의 삶을 무너뜨리고 있다. 또한 지구 근처를 떠도는 적당한 크기의 소행성 중 하나가 예고 없이 지구로 돌진하기라도 한다면 한순간에 공룡이 걸었던 멸종의 길을 뒤따르게 될 수도 있다.

이렇듯 전 지구적 위기는 전방위적으로 위세를 떨치며 여섯 번째 대멸종을 가속하고 있다. 인간은 자연 위에 군림하면서 영원히 번성할 거라는 착각 속에 필요 이상으로 먹고 소비하고 버리면서 환경을 파괴하고 기후변화를 초래했다. 전 세계 곳곳을 밀접하게 이어준 네트워크를 따라 수많은 사람들이 빽빽하게 모여든 거대도시를 중심으로 문명의 취약성이 커지고 있다. 2020년, 전 세계의 사람들은 코로나19 팬데믹을 통해 그 취약성이 어떤 것인지 동시에 목격했다.

지금까지 우리는 더 많은 것을 원하고 누리고자 했지만 이제는 변해야 한다. 우리 자신의 생존을 위해 공존과 타협의 길을 걸어야 한다. 화석연료 사용을 줄이고 친환경 에너지를 사용하고 낭비되는 자원을 공평하게 나누면 공존의 길이 열릴 것 같지만 현실은 그렇게 간단하지 않다. 복잡한 산업적 이해관계가 얽혀 있는 자본주의 시장에서 공존을 위해 내 것을 내어주고 문명이 차려놓은 편리함을 내려놓으라는 것은 불가능하다. 그래서 타협이 필요하다.

이제부터 우리는 궁극적으로 공존이라는 목표에 다가가

기 위해 단계적으로 밟아 나가야 할 전 지구적 타협에 대해 살펴 볼 것이다. 그 중심에는 과학과 사람이 있다. 과학은 현재 우리 가 처한 상황을 정확하게 이해하는 창이 되어준다. 그 창을 바라 보는 수많은 과학자, 사회학자, 역사학자, 정치가 그리고 기업가 들이 공동체적 협력을 통해 전 지구적 위기에 대응하는 해결책 을 찾고 있다. 단기적으로는 위험 요소를 미리 예측해서 피해를 줄이거나 대비할 수 있는 기술을 개발 중이다. 하지만 아무리 혁 신적인 과학기술이 개발되더라도 그 기술이 효율적인 방향으로 상용화되기까지는 많은 사람들의 관심과 지지가 절대적으로 필 요하다. 이 책이 누군가의 관심과 지지를 붙들어줄 수 있기를 희 망한다.

차례

CHAPTER 4   식량의 두 얼굴

CHAPTER 5   달로 가는 신골드러시

CHAPTER 6   소행성이 온다

CHAPTER 1

기후의 반격

인간이 바꿔놓은 것

탄소의 순환

『코스모스』를 쓴 천문학자 칼 세이건은 우리를 '별 먼지'라고 부른다. 별이 생을 마감하면서 우주에 흩뿌렸던 원소들이 우리 몸을 구성하고 있기 때문이다. 46억 년 전에는 태양도 지구도 생명체도 우주에 떠다니는 먼지였다는 것을 생각해보면 우리 모두는 한배에서 나온 형제라고 할 수 있다. 인간을 구성하는 모든 원자들은 별에서 온 것이고 우리가 죽고 나면 흩어진 원자들이 또 다른 생명체의 몸을 구성한다. 그리고 보면 별 먼지라는 말은 우주에 비하면 먼지같이 보잘것없는 인간의 존재에 대해 성찰하게 하면서도 단순한 먼지가 아니라 순환하는 먼지라는 사실을 일깨워주는 힘이 깃들어 있다. 우리는 멀게만 느껴지던 우주와 이렇게 원자의 순환 안에서 서로 끈끈하게 연

"우주는 가장 근본적인 의미에서 연결되어 있다. 인류 진화의 역사에 있었던 대사건들뿐 아니라 아주 사소하고 하찮은 일들까지도 따지고 보면 하나같이 우리를 둘러싼 우주의 기원에 그 뿌리가 닿아 있다."

– 칼 세이건의 『코스모스』 중에서

결되어 있다.

지구는 태양계에서 절묘한 위치에 자리 잡으면서 너무 뜨겁지도 차갑지도 않은 골디락스 조건을 충족할 수 있었다. 하지만 이 또한 수십억 년의 시간이 지난 후에 이루어진 것이다. 초기 지구는 그리 살기 좋은 행성은 아니었다. 태양의 중력에 묶인 크고 작은 소행성들이 끊임없이 지구와 충돌하며 지구는 소란스럽기 그지없었다. 소행성 충돌로 발생한 에너지 때문에 지구가 가열되면서 철과 니켈 같은 금속이 녹기 시작했다. 액체 상태의 무거운 금속은 중력을 받아 지구 중심으로 빨려 들어갔고 상대적으로 가벼운 원소인 수증기, 이산화탄소, 메테인, 질소 등이 대기를 구성하게 되었다.

그 과정에서 발생한 중력에너지가 다시 지구를 가열하면서 깊이만 수백 킬로미터에 달하는 마그마 바다가 형성되었고 마그마 바다에서 뿜어져 나온 수증기와 이산화탄소가 온실효과를 일으켜 지구 표면의 열을 가두었다. 하늘에서는 불덩이가 떨어지고 표면에서는 고온의 유독성 가스가 뿜어져 나오는 지구는 불바다나 다름없었다. 미행성체의 충돌이 잦아들고 마그마 바다가 식기 시작하면서 최초의 지각이 형성되기 시작했다. 표면과 대기가 냉각되자 수증기 상태로 존재하던 물이 구름을 형성하고 300도에 가까운 뜨거운 산성비가 내리면서 바다가 형성되었다. 대기의 기압은 지금보다 약 100배나 더 높았기 때문에 100도가 넘는 온도에서도 액체 상태의 물이 존재할 수 있었다.[1] 이때 지

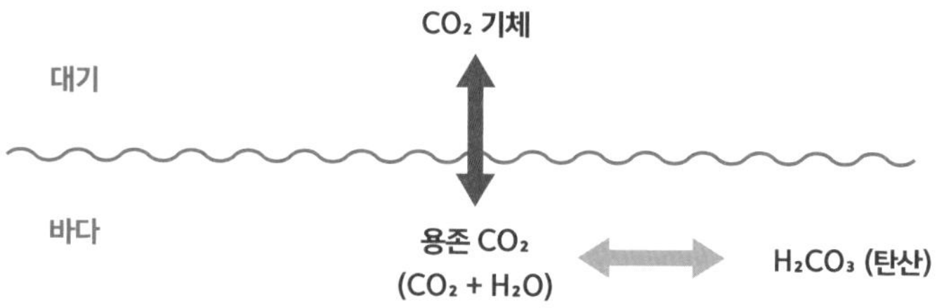

대기 중에 있던 이산화탄소 분자(CO_2)가 바다에 녹아들면
물 분자(H_2O)와 결합해 탄산(H_2CO_3)이 된다.

구 대기에는 지금보다 약 15만 배 많은 이산화탄소가 존재했다고 하니 바다가 이산화탄소를 흡수할 수 없었다면 온실효과로 뜨거워진 대기는 기껏 생긴 바다를 모두 증발시켰을 것이다.

바다가 막대한 양의 이산화탄소를 흡수하면서 대기 중 이산화탄소 농도가 감소하자 기온도 낮아졌다. 기온이 낮아질수록 더 많은 양의 수증기가 물로 변했고 그만큼 더 이산화탄소가 흡수되면서 지구는 서서히 식어 갔다. 이어서 맨틀의 갈라진 틈으로 흘러나온 칼슘과 마그네슘은 바닷물에 녹은 탄소와 결합해 해저에 퇴적되었고 탄소 함량이 줄어들자 다시 바다는 이산화탄소를 흡수했다. 이런 과정을 반복하며 지구는 계속 열기를 식혔다.[2] 마그마 바다는 사라졌지만 여전히 지구의 바다는 철분이 많아서 붉은색을 띠고 있었다. 하늘은 메테인의 영향으로 누런 빛깔이었고 아직까지 우리에게 꼭 필요한 산소도 존재하지 않았다.[3]

약 35억 년 전 이산화탄소, 메테인 등과 같은 온실가스를 이용해 광합성으로 산소를 만드는 남세균이 등장했다. 남세균이 온실가스를 흡수하고 산소를 배출함에 따라 지구의 기온은 계속해서 낮아졌다. 그 전까지 산소가 없는 지구 환경에 적응하고 살아남은 생물들에게는 산소가 독이었기 때문에 결국 대부분의 혐기성 생물들이 절멸하고 그 빈자리를 남세균이 채우기 시작했다. 남세균이 지구를 지배하게 되면서 너무 많은 이산화탄소를 흡수해버렸기 때문에 더 이상 지구에 도달한 열에너지를 붙잡아 두지 못할 지경에 이르렀다. 지구는 점점 더 추워졌고 머지않아 온 행성이 얼음으로 뒤덮였다.

최초의 빙하기는 22억 년 전에 시작되었다가 2억 년쯤 후에 화산이 폭발하면서 막을 내린다. 땅속 깊이 묻혀 있던 죽은 남세균이 화산 분출과 함께 지상으로 뿜어져 나오면서 이산화탄소를 다시 대기로 돌려보냈고 지구의 온도는 다시 높아지기 시작했다. 다시금 온도가 상승하고 얼음이 녹아 얼음에 반사되는 태양복사에너지가 줄어들면서 온난화의 가속 사이클이 작동했다.

이런 식으로 지구상의 유기체들과 주변의 환경은 오랜 시간 동안 상호작용을 하며 대기 중 이산화탄소 농도를 조절하고 빙하기와 해빙기를 번갈아 일으킨다. 이렇게 이산화탄소가 대기에서 바다, 지표면, 그리고 생명을 거쳐 다시 대기로 순환을 반복하며 지구의 기후를 조절하는 과정을 탄소의 순환이라 한다.

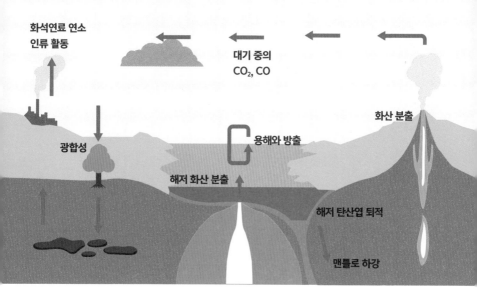

화석연료 연소 인류 활동

대기 중의 CO₂, CO

화산 분출

광합성

용해와 방출

해저 화산 분출

해저 탄산엽 퇴적

맨틀로 하강

인간의 산업 활동으로 대기 중 이산화탄소 농도가 급격하게
증가하면서 수억 년 동안 이어져 오던 탄소의 순환 고리에
이상이 생겼다.

　　지금은 이산화탄소가 지구온난화로 인한 생태계 파괴의
주원인이지만 원래 이산화탄소는 지구를 따뜻하게 해주어 생
명체를 보호하는 고마운 역할을 했다. 남세균이 이산화탄소를
흡수하고 산소를 배출하며 빙하기를 촉발한 것은 사실 우리가
상상하는 것 이상의 긴 시간에 걸쳐 서서히 진행된 일이라는 것
을 명심해야 한다. 서서히 변화하는 기후에 맞춰 오랜 시간 동
안 생명체와 환경이 조화롭게 상호작용을 하며 안정된 생태계
를 이루었다. 하지만 지금은 인간의 활동으로 유례없이 빠른 속

도로 대기 중 이산화탄소 농도가 증가해 생명의 터전을 따뜻하게 지켜주던 이산화탄소는 결국 생태계를 파괴하는 적으로 돌아서버렸다.

기후변화의 주범 이산화탄소

지구는 지난 5억 년 동안 총 다섯 차례의 대멸종을 겪었다. 대멸종의 원인은 소행성 충돌, 화산 폭발, 빙하기 등 다양하지만 한 가지 공통점이 있다. 바로 대량의 이산화탄소가 배출되면서 일어난 기후변화가 생물 대멸종으로 이어졌다는 것이다. 그중 가장 심했던 것은 2억 5000만 년 전 고생대 말기에 발생했던 페름기 대멸종이다. 대규모 화산 폭발로 수억 년 동안 축적되었던 석탄, 석유, 가스 등이 대량 방출되면서 대기 중으로 엄청난 양의 탄소가 배출되어 지구온난화가 진행되었고 결국 96퍼센트의 해양생물과 70퍼센트의 육지생물이 멸종했다.

당시 화산 폭발 규모는 러시아 전역을 4킬로미터 두께의 암석으로 뒤덮을 정도였다. 그 흔적은 러시아 전역에 펼쳐져 있는 현무암질 용암지대에 고스란히 나타나 있다. 페름기의 화산 폭발로 배출된 탄소는 1만 기가 톤에서 4만 8000기가 톤에 달한다.[4] 페름기 말에 배출된 탄소의 양이 엄청나긴 하지만 페름기 종말이 약 20만 년에 걸쳐서 일어났다는 것을 생각해보면 현

지금 우리를 가장 위협하는 것이
원래는 우리를 살 수 있게 만든 주역이었다.

재 인류가 탄소를 배출하는 속도는 페름기 종말 때보다 적어도 200배에서 많게는 1000배나 빠른 수준이다. 지구 역사상 탄소가 이렇게 빠른 속도로 대기에 유입된 적은 한 번도 없다.

페름기 말 엄청난 양의 탄소가 배출되면서 대기 중 이산화탄소 농도는 2000피피엠ppm 이상 치솟았고 열대 지역의 육지 온도는 60도, 해수 표면 온도는 40도에 이르렀다. 뜨거워진 대기가 해수면을 데우면서 해류 순환이 멈추자 바다에서 산소가 고갈되었고 산소에 의존하던 많은 해양생물들은 질식해 죽었다. 최근 태평양 인근에서도 산소가 고갈되어 생물체가 살 수 없는 데드존이 확대되며 대멸종의 징조가 하나둘씩 나타나고 있다. 2억 5000만 년 전의 대멸종이 인간의 화석연료 소비에 의해 되풀이되고 있다.

현재 대기 중 이산화탄소 농도는 가파르게 증가하며 420피피엠에 다가섰다. 300만 년 만에 대기에 가장 많은 이산화탄소가 존재하는 셈이다. 인류가 변하지 않고 이 추세대로 이산화탄소를 배출한다면 2250년에는 이산화탄소 농도가 2000피피엠까지 높아질 수 있다. 불과 200년 후에 자연현상이 아닌 인류의 활동에 의해 페름기 대멸종에 버금가는 여섯 번째 대멸종이 일어날지도 모른다.

지구는 화산 폭발이나 인류 활동과 같이 지구 환경을 급격하게 변화시키는 사건이 없다면 빙하기와 간빙기를 주기적으로 반복하는 자기조절시스템을 가지고 있다. 지구가 이와 같은 시스템을 갖게 된 것은 천문학적 요인으로, 지구가 태양계의 특정 지점에서 공전과 자전을 하기 때문에 빙하기의 주기가 생겨난 것이다.

밀루틴 밀란코비치는 지구 기후를 변화시키는 천문학적 요인으로 지구의 공전궤도 이심률, 세차운동, 자전축 경사의 변화를 꼽았다. 그는 수학적으로 천문학적 요인의 변화에 따른 태양복사에너지 양의 차이를 계산하고 기상학자 쾨펜의 도움을 받아 밀란코비치 주기를 제시했다. 이후 방사성 동위원소를 이용한 연대측정과 고기후 온도측정이 가능해지고 이 세 가지 천문

밀란코비치의 주기설

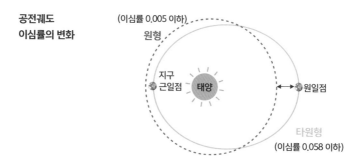

지구의 공전궤도는 약 10만 년을 주기로 원형에서 타원형으로 바뀐다. 이때 궤도가 원에서 어느 정도 타원이 되는지를 수치화한 것을 이심률이라고 한다. 이심률이 증가하면 단반경의 길이가 짧아지면서 계절의 변화가 커지고, 이심률이 감소하면 지구에 도달하는 평균 태양복사에너지 양이 일정해지므로 계절의 변화가 줄어든다.

자전축의 기울기 변화

자전축의 경사(적도 기울기)는 지구의 자전축과 공전축 사이의 각도를 뜻한다. 자전축의 경사는 23.44도(°)지만 약 4만 1000년을 주기로 22.1도에서 24.5도까지 변한다. 지전축의 경사가 커지면 여름에는 더 많은 태양복사에너지를 받고 겨울에는 더 적게 받는다. 현재 자전축의 경사는 줄어드는 추세로 약 8000년 후에 최솟값에 도달할 것으로 추정된다. 겨울은 점점 더 더워지고 여름은 점점 더 서늘해질 것이다.

자전축의 방향 변화

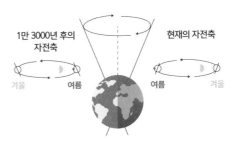

회전하는 팽이는 속도가 줄어들면 축이 이리저리 흔들리는데, 지구의 자전축도 약 2만 6000년을 주기로 한 바퀴 회전(세차운동)한다. 자전축의 경사 방향이 반대가 되면 계절도 반대가 된다. 1만 3000년 후에는 북반구를 기준으로 원일점에 있을 때 겨울이고 근일점에 있을 때 여름이라 현재보다 겨울이 더 춥고 여름은 더 더워질 것이다.

학적 요인이 복잡하게 맞물리면서 지구에 도달하는 태양복사에너지의 양과 도달 위치를 변화시키고 빙하기 주기를 바꾼다는 것이 증명되었다.

태양복사에너지는 주로 적외선과 가시광선으로 이루어져 있는데 적외선은 이산화탄소 등의 온실가스에 흡수되고 가시광선만 지표면에 도달한다. 가시광선이 지표면을 데우면 뜨거워진 지표면은 복사에너지를 방출한다. 이를 대기 중 온실가스가 흡수하고 재방출하면서 지구의 온도를 따뜻하게 유지한다. 결국 얼마나 많은 태양복사에너지가 지구에 전달되는가와 그 에너지를 얼마나 잘 붙들고 있느냐가 지구의 기후를 결정한다.

지난 40만 년 동안 이산화탄소 양의 변화를 살펴보면 180~280피피엠을 오르락내리락하며 약 10만 년을 주기로 빙하기와 간빙기를 맞이했다. 인간이 개입하지 않은 채 지구의 자기조절시스템이 원래대로 작동했다면 지금쯤 이산화탄소 농도는 240피피엠 정도로 떨어졌어야 한다. 그랬다면 다시 빙하기를 맞이했어야 하는데 오히려 420피피엠을 넘어서며 수십만 년 동안 반복된 빙하기의 주기가 깨져버렸다.

고대 기후 연구에서 빙하기는 간빙기보다 더 중요한 시기다. 빙하기에는 마치 퇴적층처럼 눈이 한 겹씩 쌓여 얼음이 되면서 오랜 시간 동안 당시의 환경정보를 알 수 있는 물리적 증거를 고스란히 간직하기 때문이다. 빙하를 통해 그 당시의 기후 조건과 이산화탄소의 양을 측정할 수 있다. 빙상氷床에 구멍을 뚫어

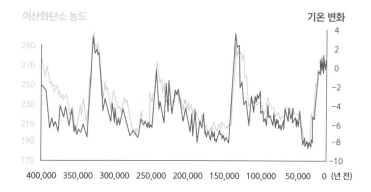

이산화탄소 농도   기온 변화

보스토크 남극 빙하 코어에서 측정한 이산화탄소 농도와
기온 변화를 보면 뚜렷한 상관관계가 나타난다.

빙하 코어를 꺼내보면 얼음뿐만 아니라 그 안에 갇힌 고대의 공
기도 관찰할 수 있는데, 거기서 과거의 기온과 대기 중 이산화탄
소의 양을 확인할 수 있다.

빙하 코어를 분석하면서 밝혀진 중요한 사실은 대기 중 이
산화탄소 농도와 지구의 기온이 같이 변한다는 것이다. 과학자
들은 빙하를 비롯한 여러 대용 자료를 바탕으로 2만 2000년에
달하는 지구 기온 변화를 측정했고 이를 대기 중 이산화탄소 농
도의 변화와 비교하는 연구를 진행했다. 놀랍게도 이산화탄소
의 농도와 지구 기온 변화가 단순한 상관관계를 넘어 이산화탄
소의 농도 변화가 기후변화에 선행한다는 사실이 밝혀졌다. 천

켜켜이 쌓인 얼음 동굴 벽에는
인간의 활동이 지구에 가한 과오의 증거들이 새겨져 있다.

문학적 요인도 빙하기나 간빙기로 들어서는 방아쇠 역할을 하지만 그 이후의 전체적인 흐름은 대기 중 이산화탄소의 농도에 따라 결정되기 때문에 이산화탄소가 기후변화의 원인이라고 해도 과언이 아니다. 이는 인간의 활동으로 이산화탄소 배출량이 늘어나면서 비정상적인 기후변화가 일어났고 빙하기의 자연적 주기도 깨졌다는 것을 반증한다. 지구의 역사를 차곡차곡 기록해온 남극의 빙하에 인간이 저지른 과오에 대한 명백한 증거가 보관되어 있었다.

당장 멈추지 않으면

2019년 호주에서는 유례없는 가뭄과 폭염으로 산불이 6개월간 지속되면서 우리나라 면적보다 넓은 12.4만 제곱킬로미터의 숲이 불타올랐다. 호주 숲의 20퍼센트 이상이 잿더미가 되고 약 30억 마리의 야생동물이 한순간에 사라지는 생태계 교란이 일어났다. 광합성으로 이산화탄소를 흡수하고 산소를 배출하는 나무들이 사라지면서 자연의 이산화탄소 흡수 능력은 감소한 반면 나무가 수십 년 동안 흡수해서 저장하고 있던 엄청난 양의 탄소는 한꺼번에 방출된 것이다. 이 산불이 뿜어낸 이산화탄소의 양은 전 세계 온실가스 배출량의 1퍼센트가 넘는다.

초대형 산불은 가뭄과 폭염, 그리고 강풍과 맞물리며 호주에만
사는 코알라와 캥거루, 에뮤, 웜뱃과 같은 야생동물들의
서식지를 처참하게 파괴했다.

　　호주의 숲과 마찬가지로 대기 중의 탄소를 흡수하며 탄소
순환의 역할을 담당하는 아마존 열대우림, 아한대 숲 등이 산불
과 삼림 벌채 등으로 점점 사라져가고 있다. 숲이 파괴되면 나무
가 타거나 썩으면서 이산화탄소를 배출해 이중고를 낳는다. 삼
림 벌채 등의 토지 이용으로 발생하는 이산화탄소 양은 9퍼센트
정도로 화석연료에 비하면 적은 양이지만 탄소 순환에서 중요
한 역할을 하는 이산화탄소 저장 공간을 파괴한다는 점에서 장
기적으로는 더 심각한 문제를 일으킨다.
　　대기 중 이산화탄소의 양보다 더 심각한 것은 이산화탄소
의 증가 추세다. 불과 150년 만에 이산화탄소 농도가 420피피엠

까지 급격하게 치솟았고 머지않아 500피피엠에 이를 것이다. 현재의 농도에 이르게 만든 이산화탄소 중 절반 이상이 지난 30년 사이에 배출되었다.[5] 이는 자연적으로 이산화탄소 농도가 증가하는 것보다 100배에서 1000배 빠른 속도다. 자연 상태에서는 오랜 시간에 걸쳐 연소될 화석연료가 인간의 활동으로 불과 150년이라는 짧은 시간 만에 마구잡이로 연소되었기 때문이다. 매년 화석연료 사용에 의해 약 370억 톤[6]의 이산화탄소가 배출되지만 자연은 그 절반도 흡수하지 못하고 대기 중 이산화탄소의 농도는 늘어만 가고 있다. 정말 이대로 괜찮은 것일까?

인간이 배출하는 이산화탄소의 87퍼센트가 석탄, 석유, 천연가스 등의 화석연료 사용으로 발생한다. 화석연료는 수백만 년에서 수억 년 전 지구상에 서식했던 고대 식물이나 미생물들이 퇴적되어 형성된 에너지 자원이다. 화석이라는 말에서 알 수 있듯이 탄소를 기반으로 하는 생물체들이 오랜 시간 동안 켜켜이 쌓여 고농축 탄소 덩어리가 만들어지는 것이다. 결국 화석연료를 사용해서 에너지를 얻는다는 것은 탄소의 연소 현상을 이용해서 에너지를 얻는 것이기 때문에 그 과정에서 반드시 이산화탄소를 발생시킨다.

대기 중 이산화탄소 농도의 급격한 변화는 양성 피드백 현상에 의해 지구를 더 빠르게 가열한다. 한 가지 사건으로 촉발된 일이 시스템 안에 존재하는 수많은 요소들과 다양한 상호작용을 일으키며 시스템 전체에 영향을 줄 정도로 엄청난 결과물을

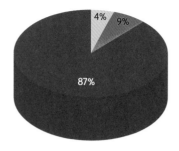

■ 토지 이용
▨ 산업 활동
■ 화석연료

인간 활동에 의한 이산화탄소 배출 분포를 살펴보면
화석연료의 사용이 87퍼센트로 압도적이다.

만드는 것을 양성 피드백 현상이라고 한다. 지금까지 대기 중
이산화탄소 농도가 급격하게 증가하면서 지구 평균기온이 최
소 1도가 올랐고 그 결과 남극과 그린란드의 빙하가 녹기 시
작하면서 지구온난화를 가속화시키는 양성 피드백이 일어나
고 있다.

　지구온난화로 인해 눈과 얼음이 녹으면 빙하에 반사되던
태양복사에너지가 줄어들면서 지구로 흡수되는 에너지가 더 늘
어난다. 여름에 햇빛을 반사시켜 더위를 조금이라도 식히기 위
해 흰색 티셔츠를 입는 것과 같은 맥락이다. 그렇게 되면 이산화
탄소로 인한 온난화뿐만 아니라 빙하가 녹음으로써 늘어나는
태양복사에너지 때문에 훨씬 더 빠른 속도로 지구가 더워지는
양성 피드백 현상이 일어난다.

　또한 영구동토가 녹아내리면 그 안에 잠들어 있던 탄소와

메테인이 깨어나면서 지구온난화에 박차를 가한다. 특히 메테인은 이산화탄소보다 28배 이상 높은 온실효과를 일으키기 때문에 단기적으로는 이산화탄소보다 더 큰 온실효과를 초래할 수도 있다. 기온이 올라갈수록 영구동토층은 더 빠른 속도로 녹아내리고 그만큼 더 많은 양의 온실가스가 배출되는 악순환이 일어난다.

반대로 음성 피드백은 산출된 결과물이 시스템의 작동을 억제하고 안정시키는 것을 말한다. 이산화탄소 양이 증가하며 기온이 높아질 때 바다가 이산화탄소를 흡수해 온난화를 억제하는 것을 말한다. 하지만 해수면 온도가 상승하면 바다가 이산화탄소를 흡수하는 양도 줄어들고 오히려 이제까지 흡수했던 이산화탄소를 다시 대기 중으로 배출한다. 음성 피드백을 실천하던 바다가 임계점을 넘으면 지구온난화에 힘을 보태는 방향으로 돌아설 수도 있다는 것이다.

이제껏 인류가 배출한 이산화탄소를 지구가 열심히 흡수해왔지만 이미 포화 상태를 넘어서 복원력을 잃어가고 있다. 지구의 숲, 바다, 영구동토층 등이 당장은 기온 상승을 저지하는 아군이 되어 음성 피드백을 유지하지만 산불과 삼림 벌채, 바다의 산성화, 영구동토층 해빙이 계속된다면 양성 피드백이 일어나는 것은 시간문제다.[7]

특히 영구동토층은 대기에 존재하는 이산화탄소 양보다 2배 많은 탄소를 저장하고 있다. 태양복사에너지를 반사해서 지

혹시 이미 늦어버린 것은 아닐까?

구의 더위를 식혀주고 탄소 냉동고 역할을 해오던 영구동토층
이 반대로 이산화탄소 배출 기지가 되어 지구를 뜨겁게 데우는
주범이 될지도 모른다. 그렇게 되면 지구는 늘어난 고무줄처럼
복원력을 상실하고, 브레이크 없이 뜨거워진 지구는 극지방의
얼음이 다 녹아내리고 해수면이 수십 미터가량 차오른 찜통으
로 변한다.

오랫동안 이어져 오던 탄소 순환의 고리는 이미 인간의 과
도한 이산화탄소 배출로 깨져버렸기 때문에 앞으로 우리는 지
구가 지금까지 한 번도 겪어보지 못한 변화에 적응해야 한다. 어
떤 지역에서는 폭우가 쏟아지지만 다른 곳에서는 가뭄이 심각
해질 것이다. 산불, 태풍, 홍수 피해가 늘면서 식량 생산량이 감
소해 수많은 기후변화 난민이 발생할 것이다. 매년 발생하는 자
연재해를 복구하는 데 들어가는 돈과 시간도 상당할 것이다. 지
금 당장 멈추지 않으면 매 순간 가속되는 지구온난화가 더는 걷
잡을 수 없는 수준에 이를 것이고 우리가 그것을 바로잡기란 불
가능한 상황으로 치달을 수 있다.

1.5도와 2도의 차이

기후변화에 관한 정부간 협의체[IPCC]는 2018년
「1.5도 지구온난화 특별보고서」를 발표했다. 이 보고서는 1.5도

와 2도 지구온난화 차이가 인류에게 미치는 영향을 비교 분석한 것이다. 지구온난화를 2도가 아닌 1.5도에서 멈출 경우 해수면 상승은 10센티미터 낮출 수 있고 해수면 상승으로 피해 받는 사람은 최대 1000만 명 정도 줄어든다. 홍수나 산불 등의 자연재해로 인한 피해뿐만 아니라 건강, 생계, 식량, 물, 안보, 경제 성장 등에 대한 위험도가 2도 지구온난화에서는 재앙 수준으로 증가한다. 옥수수, 쌀, 밀 등의 수확량이 급격히 줄어들며 질병 발생률이 증가하고 사망률도 높아진다. 겨우 0.5도 차이에 불과하나 그로 인한 기후 관련 위험에 노출되는 인구는 수억 명까지 늘어난다.

사실 우리는 이미 평균기온이 1도 올라가면 어떤 변화가 일어나는지 온몸으로 느껴왔다. 2016년에 이어 2020년은 인류 역사상 두 번째로 더운 해로 기록되었다. 코로나19 팬데믹으로 전 세계가 바이러스와 전쟁을 하는 중에도 세계 곳곳에서는 기록적인 산불, 폭염, 폭우, 태풍 등으로 인한 자연재해가 끊이지 않았다.

매년 꾸준히 증가하는 산불로 골머리를 앓던 캘리포니아에는 여름이 되면 어김없이 대형 산불이 일어나 마치 핵겨울이 온 것처럼 붉게 변한 샌프란시스코의 도시 전경이 전 세계에 생중계 되곤 한다. 산불은 번개와 같은 자연현상이나 사람들의 부주의 등으로 발생하는데 일단 시작된 산불이 순식간에 대형 산불로 번지는 것은 기후변화의 영향이 크다. 기온이 상승하면 산의

온난화로 인한 폭우 피해로 방글라데시를 비롯해 중국 남부와 인도네시아 등 아시아 곳곳에 수백만 명의 이재민이 발생했다. 갈 곳을 잃은 수재민들은 간신히 피신한 대피소에서 코로나 집단감염이라는 또 다른 위험에 노출되었다.

초목들과 토양의 수분이 증발하면서 타기 좋은 장작과 비슷한 상태가 되기 때문에, 온난화가 진행될수록 산불의 강도와 규모는 더 커질 수밖에 없다.

방글라데시는 2020년 40일 넘게 쏟아진 폭우로 전 국토의 3분의 1이 침수되고 470만 명이 피해를 입었다. 인도양 벵골만에 인접해 있는 방글라데시는 대부분의 인구 밀집 지역이 홍수에 취약한 저지대 삼각주에 위치한다. 세계에서 가장 덥고 비가 많이 오는 지역인 탓에 매년 장마와 사이클론에 시달려왔는데 기후변화로 인해 피해는 점점 더 심각해지고 있다. 기온이 상승하면 더 많은 물이 대기로 증발하면서 강수량이 증가하고 해수면 온도가 높아지면서 더 강한 사이클론이 발생한다. 바다가 따뜻해지면서 폭풍의 강도가 세지고 발생 빈도가 잦아지는 것이다. 더군다나 해수면이 상승하면서 전보다 더 자주 큰 규모의 홍수가 일어나고 있다.

기후변화가 우리나라에 미치는 악영향도 적지 않다. 2020년 1월은 기상관측이 시작된 이래로 가장 따뜻한 겨울이었다. 따뜻한 겨울은 기나긴 장마를 불러왔다. 남원에서는 7~8월 429.9밀리미터의 폭우가 쏟아지면서 1년 강우량의 40퍼센트가 넘는 양이 2개월 내에 쏟아졌다. 무려 50일이 넘도록 역대 최장 장마 기록을 갱신하며 수마가 휩쓸고 간 한반도에는 1년 농사를 망친 농민들의 한숨이 끊이질 않았다. 이는 곧 채솟값 폭등으로 이어져 직접적인 수해 피해를 입지 않은 사람들에게도 영향을 미쳤다.

전 세계 농작물의 피해가 커지면 각 나라에서 수출을 자제하고 자국민들에게 먼저 식량을 공급할 것이다. 거래할 수 있는 물량이 줄어들면 가격 폭등은 당연하다. 식량자급률이 45.8퍼센트밖에 되지 않는 우리나라는 수입 의존도가 높아 타격이 크다. 또한 우리나라는 세계 5위 가상수 순수입국으로 물 부족 사태가 일어나 분쟁 위협이 증가하면 안보 위기까지 고조될 수 있다.

기후변화의 영향으로 100년 만에 한 번 올까 말까 했던 이상기온이 몇 년에 한 번꼴로 찾아온다. 중위도에 위치한 한국은 기후변화의 징후들이 세계 평균보다 40~50퍼센트 더 빠르게 나타난다. 이산화탄소를 줄이는 것이 지구온난화를 막는 최선임이 분명한데도 불구하고 우리나라의 1인당 이산화탄소 배출

사람들이 씻고 마시는 물 외에 음식이나 물건을 생산해서 소비자에게 닿을 때까지 보이지 않게 사용되는 물의 총량을 가상수라고 한다. 햄버거의 경우 밀, 고기, 채소를 생산해서 각각 빵, 치즈, 패티로 가공해 식료품 가게에서 판매하고, 이 식재료를 구입해 식당에서 햄버거를 만들어 소비자에게 판매한다. 그 과정에서 사용된 가상수는 약 2500리터다.

2500ℓ

량은 꾸준히 늘어나 기후변화대응지수는 61개국 중 53위를 기록하고 있다. 기후변화대응지수는 전 세계 온실가스 배출량의 90퍼센트를 차지하는 상위 57개국의 기후 정책을 비교 평가한 결과다. 한국의 2030년까지 온실가스 감축 계획으로는 IPCC에서 정한 1.5도 목표를 달성하기에 역부족으로 평가된다.

　오늘부터 이산화탄소 배출을 멈춘다고 기온 상승을 멈출 수 있는 것은 아니지만 지금 당장에라도 이산화탄소 배출을 멈춰야 하는 데에는 이유가 있다. 목재나 석탄, 디젤 엔진 등이 연소될 때 발생되는 수증기는 온실가스 효과에 가장 큰 영향을 미치지만 잔류 시간이 10일 정도밖에 되지 않아 장기적인 온실가스 효과가 없기 때문에 온실가스로 분류하지 않는다. 하지만 이산화탄소는 한번 방출되면 오랫동안 돌고 돈다. 대기에 방출되는 65~80퍼센트의 이산화탄소는 20~200년에 걸쳐 바다로 흡수되지만 나머지 이산화탄소는 몇백, 몇천 년 동안 각기 다른 방식으로 대기를 떠돌다가 사라진다. 한번 배출된 이산화탄소는 몇천 년 동안 기후변화에 영향을 줄 수 있다는 말이다.

기후 위기에서 살아남는 법

생존을 위한 자구책

2021년 미국 텍사스주에는 30년 만에 한파와 눈 폭풍이 몰아치면서 수백만 가구에 전기와 가스, 수도가 끊기고 사람들은 식료품마저 부족한 채로 영하 18도의 혹한에서 힘겨운 일주일을 보내야 했다. 북극의 제트기류가 약해지면서 북극 한파가 미국 중남부까지 내려와, 연평균 기온이 20도에 겨울철 최저 기온도 5도 내외였던 텍사스에 비상사태가 벌어진 것이다.

그렇다 해도 세계 최강대국이자 가장 부유한 나라인 미국에서 한파로 며칠씩이나 전력 공급이 안 되어 수십 명이 동사했다는 것은 쉽게 납득하기가 어렵다. 특히 텍사스는 미국 최대 규모의 석유와 천연가스가 매장되어 있고 가스, 풍력, 원자력 등 에너지 생산 기지였기 때문에 더욱 미스터리한 일이었다. 재생에너지에 대해 반대하던 사람들은 이때다 싶어 한파에 풍력발전기가 얼어서 생긴 문제라고 목소리를 높였다. 하지만 조사 결과 가스 수송관이 얼어 가스 공급이 부족해지자 발전소 가동을 중단한 게 주요 원인으로 밝혀졌다. 유례없는 이상 한파에 대비한 전력 수요를 제대로 예측하지 못했고 동시에 외부에서 전력을 공급받을 수 있는 연결망이 없었기 때문이다.

영국의 《가디언》은 기후변화 연구자들의 분석을 토대로 지난 20년 동안 미국 전역에서 벌어진 정전의 주요 원인은 기상이변 때문이라고 지적했다. 이번 텍사스의 대규모 정전은 기후변화에 제대로 대응하지 못했을 때 현대 사회가 직면할 수 있는 재난과 혼란을 적나라하게 보여주는 사건이다.

2017년 피서객으로 붐비던 마이애미 해변에 5등급 허리케인 어마rma가 상륙했다. 역사상 가장 강력한 풍속 등급(시속 250킬로미터 이상)을 기록한 비바람을 몰고 다니며 미국 플로리다주 일대를 순식간에 초토화시켰다. 허리케인이나 태풍, 사이클론은 열대성저기압으로 발생하는 지역에 따라 이름만 다른 기상현상이다. 열대성저기압은 바닷물의 온도가 26도 이상의 열대 바다에서 발생하는데 지구온난화로 해수면 온도가 높아지면 세력이 더 강한 태풍이나 허리케인이 발생한다. 열대 지역의 대기순환이 약해지면서 열대성저기압의 이동속도가 느려져 한 지역에 호우 피해를 가중시키고 허리케인이 소멸되는 데 걸리는 시간도 늘어나 내륙 깊숙한 곳까지 큰 피해를 입힌다.

허리케인 어마로 파괴된 플로리다 키스의 주택.
약 300만 가구 이상이 정전 피해를 입었다.

허리케인 어마가 가장 먼저 상륙했던 바부다섬은 95퍼센트가 초토화되었다. 이 피해로 바부다 주민의 절반이 삶의 터전을 잃고 거리에 나앉게 되었다. 그런데 막대한 재산 피해에 비해 인명 피해 규모가 상대적으로 매우 적었다. 사전에 어마를 예측하고 사람들을 대피시켰기 때문이다. 20년 전에는 불과 하루 전에 허리케인을 예측할 수 있었지만 지금은 기술의 발전으로 3일 전에 예측이 가능하다. 오랫동안 축적된 데이터와 더 많은 기상 관측 정보가 제공될수록 예측은 점점 더 정교해질 것이다.

정확한 예측보다 중요한 것은 직접 허리케인과 맞서도 피해를 입지 않는 기술력을 확보하고 적용하는 것이다. 플로리다

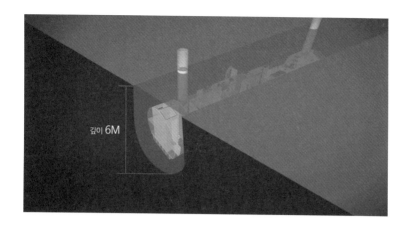

깊이 6M

땅속 6미터 아래 설치 가능한 이 지하 요새는 땅속에 묻었을
때 더욱 견고해진다. 특히 허리케인과 같이 지상을 휩쓰는
재난으로부터 안전한 피신처가 될 수 있다.

국제대학교 허리케인센터에서는 실제 허리케인의 시뮬레이션
이 가능한 재난기계 와우를 통해 비바람이 섞인 허리케인의 속
도를 1등급에서 5등급까지 재현할 수 있다. 실제 상황을 재현해
여러 가지 변수를 계산하고 어느 부분이 바람에 취약하고 문제
가 되는지를 확인하며 건축물을 보완해 나간다. 이런 검증 과정
이 끝난 후에 건축이 되면 건물 자체가 대피소의 역할을 할 수
있다.

　미국 LA의 아틀비스 서바이벌 셸터는 개인용 재난 대비 벙
커를 제작했다. 12등급의 아연도금 강판으로 제작된 이 벙커룸
은 어떤 외부 충격에도 견딜 수 있다. 6미터 길이의 벙커 안에는
변기와 샤워부스 등 일상생활에 필요한 모든 것이 갖춰져 있다.

4인 가족이 불편 없이 28일간 생존 가능한 이 벙커는 땅속 6미터 깊이에 설치해서 허리케인으로부터 보호받을 수 있다.

재난에서 생존할 수 있는 가장 기본적인 방법은 이렇게 재난이 닥쳐와도 안전하게 피신할 수 있는 강력한 생존 장소를 만드는 것이다. 미국 캔자스시티에서는 미사일 격납고를 개조해 만든 지하 15층짜리 초호화 벙커가 소개되기도 했다.

지진과 쓰나미와 같은 자연재해가 끊이지 않는 일본에도 개인이 재난에 대비해 벙커를 마련하는 사례가 많다. 2011년 동일본대지진 이후 쓰나미에 대비한 벙커 수요가 늘어났으며 지진 외에도 산불이나 수해, 폭설 등 재난 상황에서 긴급하게 피신할 때 쓸 수 있는 생존 가방에 대한 관심도 높아졌다.

이렇게 각종 자연재해나 사고에 대비해 스스로 생존법을 찾는 사람들을 프레퍼Prepper라고 한다. 도시재난 연구자들은 인구가 밀집된 대도시가 오히려 자연재해에 더 취약하다는 것을 강조하며 기후 위기로 예상치 못한 재난으로 언제든 위험에 처할 수 있다고 경고한다. 우리는 프레퍼가 아니더라도 지진이나 화재에 대한 생존 상식이나 생존 수영, 심폐소생술과 같은 대처법을 어렸을 때부터 배워야 하는 시대에 살고 있다.

복잡하고 어렵고 불편하지만

기후변화는 불공평하다. 대부분의 온실가스는 특정 국가, 소수의 기업, 부자들이 배출하지만 그로 인한 피해는 모두가 함께 짊어져야 한다. 전 세계 온실가스 배출량의 4분의 1을 중국이 배출하고 있으며 미국이 뒤를 이어 8분의 1을 차지한다. 1751년 이래 전체 배출량을 살펴보면 미국이 압도적이다.

기업별로 보면 지난 20년 동안 발생한 온실가스의 70퍼센트를 100개의 화석연료 생산 기업에서 배출했다. 그중에서도 총 배출량의 3분의 1은 상위 20개 기업에 책임이 있다. 상위 10퍼센트에 속하는 부자들은 가장 가난한 하위 10퍼센트의 사람들보다 약 20배 더 많은 에너지를 소비한다. 사하라사막 이남 지역에 사는 10억 명의 사람들이 배출하는 1인당 온실가스의 양은 3억이 조금 넘는 미국의 20분의 1밖에 되지 않는다.

반면 기후변화에 가장 취약한 국가들은 동남아시아와 아프리카, 작은 섬나라에 집중되어 있다. 2020년 이상기온이 쏟아낸 폭우로 방글라데시를 비롯한 중국 남부와 인도네시아 등지에 엄청난 피해가 발생했고, 지구 반대편에 있는 마셜제도, 투발루 등 남태평양의 작은 섬나라들은 해수면 상승으로 수몰될 위기에 처해 있다.

2016년 아프리카에 발생한 유례없는 가뭄으로 5000만 명의 사람들이 식량과 식수 부족을 겪었고 에티오피아에서는 전

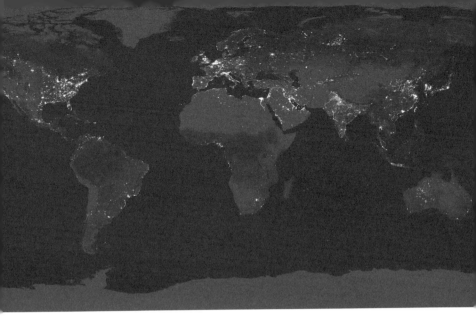

우주에서 바라본 지구의 야경. 10억 명이 사는
아프리카 대륙에는 불빛이 거의 보이지 않는다.

체 작물의 80퍼센트가 괴멸했다. 이 지역에 사는 사람들은 전기
가 없고 난방도 하지 않으며 하루 1.9달러 미만으로 살아가는
극빈층이 대부분이다. 농사를 지으며 생계를 이어가는 소규모
자작농으로 기후변화에 거의 영향을 미치지 않았음에도 불구하
고 가뭄이나 홍수 피해를 입으면 생명의 위협을 받을 정도로 큰
타격을 입는다.

기후변화로 인한 피해가 누적되면 안 그래도 심각한 빈부
격차는 더욱 악화된다. 온난화가 가속화될수록 가뭄과 홍수는
빈번해지고 식량 생산량은 감소할 것이다. 식량 생산량이 감소

함에 따라 식량 가격은 치솟고 이미 수입의 대부분을 식비로 지출하는 극빈곤층의 삶은 더욱 피폐해진다. 최소한의 식량으로 생계를 이어가는 동안 아이들은 필요한 만큼의 영양을 섭취하지 못해 각종 질병에 시달리게 된다. 또한 일찍부터 교육이 아닌 노동을 택한 아이들에게 다시 가난이 대물림되는 악순환이 발생한다. 부유한 국가에 살더라도 저소득층, 고령 세대, 질병이나 장애가 있는 취약계층은 이러한 악순환에서 자유롭지 못하다.

그렇다고 부유한 국가나 세계적인 부자들이 전면에 나서서 기후 위기를 해결할 수 있을까? 확실히 불가능하다. 현 세대가 떠안은 기후변화 문제들은 화석연료의 사용이 급격히 늘어난 산업화 시기부터 배출해온 이산화탄소가 꾸준히 쌓여왔기 때문에 발생했다. 이미 대기 중에 쌓여 있는 이산화탄소는 오랜 시간을 떠돌며 다음 세대와 그 다음 세대까지도 지속적으로 괴롭힐 것이다. 그러니까 IPCC가 제시한 1.5도까지 아직 여유가 있다고 생각해서는 안 된다. 지구 평균기온 상승을 1.5도로 제한하기 위해서 지금 어린이와 청소년 세대는 1950년대 태어난 사람에 비해 개인당 이산화탄소 배출을 6분의 1로 줄여야만 한다.

그렇지 않으면 지구는 점점 뜨거워지고 빙하는 계속 녹아 수많은 사람들이 삶의 터전을 빼앗길 것이다. 인구는 증가하는데 살 곳은 줄어들고 이상기후로 식량 생산량이 감소해 전 세계적 식량난이 일어날 것이다. 이상 한파와 폭설로 정전사태와 가스, 수도 공급이 중단되고 집중호우가 쏟아지면서 하천에서 유출되는 물의 양이 많아져 물 부족 사태가 일어나 도시는 마비되고 분쟁의 위험이 증가할 것이다.

엎친 데 덮친 격으로 모기의 수가 급증하면서 말라리아와 같은 질병이 도처에서 발생해 전염병 문제가 심각해질 위험이 있다. 당장 이산화탄소 제로를 향한 행동을 실행하는 것만이 피해를 최소화할 수 있는 유일한 길이다. 그런데도 기후변화를 대하는 사람들의 태도는 미온적이다. 왜 그럴까?

기후변화의 심각성을 받아들이고 행동으로 옮기기까지 심리적 장벽이 꽤 높기 때문이다. 미래에 어떤 일이 일어날지 예측하고 미리 대응하려면 미래에 일어나서는 안 될 일까지 예측해야 한다. 하지만 기후변화는 에너지, 식량, 물 부족, 쓰레기 등등 인간의 모든 활동과 얽혀 있어서 이산화탄소 배출량으로 환원해서 계산할 수는 있어도 그 대응책을 마련하기가 쉽지 않다. 개인이 자전거를 타고 고기 소비량을 줄이며 플라스틱을 사용하지 않는다고 해도 그 행동이 얼마만큼 이산화탄소 배출량을 줄일 수 있는지 정량적으로 환원하기가 쉽지 않다. 즉 최선을 다해 노력해도 그 효과가 눈에 보이지 않으니 노력을 지속하기 어렵고 소극적으로 관망하게 된다.

또한 우리 사회는 한두 가지 문제를 해결하는 데도 개인, 기업, 시민단체, 정부, 국가, 국가간 협의체 등 다원적인 이해관계를 풀어야 한다. 구성원과 협의하고 동의를 끌어내기 위해서는 기후변화가 불러올 위기를 증명해야 해야 하는데 지구가 온난해지고 있다고 주장해도 때때로 이례적인 혹한이나 폭설이 와서 혼란을 일으킨다. 기후시스템 자체가 워낙 복잡해서 전문가가 아니면 정확하게 이해하기 어렵다. 이러한 난점은 기후변화에 대응하는 정책이나 규제가 특정 집단의 이익에 반할 경우 마치 부분이 전체를 대변하는 듯 지구온난화를 반박하는 논리를 내세우는 이론가들에 의해 이용되기 십상이다. 대다수의 사람들은 어렵고 복잡한 것을 이해하고 불편함을 감수해야 하는 것보다 자극적인 반전이나 편하게 현상을 유지하는 쪽으로 마음이 기울기 마련이다.

그럼에도 불구하고 지난 몇 년을 돌아보며 곰곰이 기억을 되짚어보면 금세 알 수 있다. 아니 유튜브 검색창에 '기록적인'이란 단어만 입력해도 수많은 재난 현장들이 나열된다. 미국 동부를 덮친 기록적인 눈 폭풍과 폭설, 그로 인한 정전, 역대급 토네이도가 인구 밀집 도시를 휩쓸어 폐허로 만든 모습, 기록적인 장마와 폭염에 물가가 치솟고 최악의 가뭄으로 기록적인 대형 산불이 한 나라의 몇 퍼센트를 잿더미로 만든 장면들. 하나하나의 영상들은 개별 사건처럼 보이지만 이 모든 일들은 기후 시스템 안에서 분명한 원인을 찾아낼 수 있다. 기후변화가 만들어낸 이 재난들은 또다시 상호작용을 일으키며 식량 부족, 글로벌 경제 위기, 난민, 전쟁, 팬데믹과 같은 더 큰 재앙으로 이어진다.

인류 문명은 몇 개의 도화선이 타들어가면 연쇄적으로 붕괴할 수 있게 긴밀히 연결되어 있다. 촘촘한 연결망을 따라 인간

2018년 15세 소녀 툰베리는 기후변화에 대비해야 한다며 학교에 가는 대신 '기후를 위한 학교 파업'이라는 피켓을 들고 1인 시위에 나섰다. 툰베리의 호소와 투지는 '미래를 위한 금요일(Fridays for Future)' 기후운동이 되어 전세계로 퍼져 나가고 있다.

의 대멸종은 전 세계에서 동시다발적으로 일어날 수 있다. 더 이상 주저하지 말고 무엇인가 해야 할 때다.

탄소제로를 달성해야 하는

파리기후변화협약에서 정한 온실가스 감축 목표를 지킨다고 해도 2100년이면 지구의 기온은 3도가 상승한다. 모든 나라가 우리나라처럼 탄소를 배출하면 2030년까지 지구의 평균온도는 4도 이상 상승할 것이다. 지구온난화를 1.5도에서 멈추려면 어떻게 해야 할까? 2030년까지 이산화탄소 배출량을 2010년 대비 최소 45퍼센트 정도 줄여야 하고 2050년에는 제로에 도달해야 한다.

현재 우리나라를 비롯한 여러 나라가 탄소제로를 달성하겠다고 선언한 상태다. 탄소제로는 탄소를 아예 배출하지 않는다는 것이 아니라, 인위적으로 만들어내는 온실가스의 배출량과 제거량을 합쳤을 때 순 배출량이 0인 상태를 말한다. 우리가 배출하는 대량의 이산화탄소를 포집해서 따로 저장해둘 수 있는 획기적인 기술이 개발되지 않는 이상 이산화탄소 배출의 87퍼센트에 해당하는 화석연료 발전을 거의 멈추고 재생에너지에 방향성을 두고 나아가야 한다.

하지만 결코 쉬운 일이 아니다. 우리 삶은 어떤 식으로든 화석연료와 관련이 있기 때문이다. 농사에 사용하는 비료는 이산화질소를 배출한다. 곡물을 재배하기 위해 휘발유를 연료로 사용하는 트랙터를 사용하고 수확한 곡물을 운송하고 가공하는 데도 화석연료가 사용된다. 시멘트나 아스팔트로 도로를 만들고 플라스틱과 강철로 자동차를 만드는 과정에서 석탄, 석유 등의 화석연료가 사용된다. 우리가 입고 있는 옷, 사용하는 물건, 사는 공간, 먹는 음식까지 화석연료가 사용되지 않는 곳은 없다.

보통 화석연료와 온실가스라는 말을 들으면 전력을 생산하거나 자동차와 같은 운송수단을 이용할 때 발생한다고 생각하기 쉬운데 의외로 온실가스 배출량의 주된 요인은 따로 있다. 가장 큰 부분을 차지하는 것은 철, 시멘트, 플라스틱 등의 자재를 만드는 데 발생하는 온실가스다. 무려 전체 온실가스 배출량의 3분의 1을 차지한다.

인간의 행위	온실가스 배출량 비율
제조산업(강철, 시멘트, 플라스틱)	31%
전력 생산	27%
농축산업(작물 재배, 가축 사육)	19%
운송(비행기, 선박, 트럭)	16%
냉난방(냉장고, 에어컨, 보일러)	7%

전력 생산보다 제조산업이 그리고 운송수단보다 농축산업에서 배출하는 온실가스 양이 더 많다는 것은 통상적인 상식을 뒤엎는다.

강철을 만들기 위해서는 철광석에 함유되어 있는 산소를 제거해야 하는데 이 과정에서 석탄의 일종인 코크스를 사용한다. 철광석과 코크스를 고온에서 녹이면 철광석에 있는 산소와 코크스에 있는 탄소가 결합해서 이산화탄소가 되고 산소가 제거된 강철을 얻을 수 있다. 1톤의 강철을 얻는 데 무려 1.8톤의 이산화탄소가 배출된다. 화석연료로 배출되는 이산화탄소 양의 7~9퍼센트가 철강산업에서 발생한다.[8]

마찬가지로 시멘트를 만들기 위해서는 석회암을 태워야 한다. 석회암은 엄청난 양의 이산화탄소 저장고다. 주로 해양환경에서 퇴적된 암석인데 이산화탄소가 물에 녹아 탄산칼슘으로 퇴적되어 만들어지기 때문에 탄소 순환에 중요한 역할을 한다.

석회암을 가열하면 시멘트를 만드는 데 필요한 탄산칼슘을 얻을 수 있지만 1 대 1의 비율로 이산화탄소도 생성한다. 1톤의 시멘트를 만들면 1톤의 이산화탄소가 나오는 것이다. 거기에 철광석이나 석회암을 가열하는 데도 화석연료를 사용하기 때문에 그 과정에서 또 이산화탄소가 발생한다.

철강과 시멘트 등을 생산하는 과정에서 전체 온실가스의 3분의 1을 배출하기 때문에 제조업은 다른 어느 산업보다 이산화탄소 감축이 시급하다. 하지만 지금으로서는 이산화탄소가 발생하는 화학반응을 거치지 않고 철강과 시멘트를 만들어낼 수 있는 기술이 없다. 그렇다고 지금 당장 아무것도 만들지 않겠다고 할 수도 없는 노릇이다. 세계 인구가 늘어나고 더 많은 사람들이 부유해질수록 철강이나 시멘트 등의 자재 수요는 증가한다. 급속도로 경제성장을 이룬 중국은 압도적인 세계 1위 시멘트 생산국으로 2위인 인도에 비해 7배나 더 많은 시멘트를 만들고, 나머지 국가의 총 생산량보다 더 많은 시멘트를 만든다. 이제 막 성장 가도에 올라선 개발도상국들도 앞으로 더 많은 철과 시멘트를 필요로 할 것이다.

그렇다면 철강이나 시멘트를 가열하면서 배출되는 이산화탄소를 줄이거나 공장을 운영하는 데 깨끗한 전기를 사용하는 방법을 모색해야 한다. 전기로 고온의 열을 내는 방법은 비효율적이기 때문에 화석연료를 사용하지만 탄소 포집기술을 사용해서 온실가스 배출을 줄일 수 있다. 이 기술을 사용하면 온실가스

마이크로소프트의 창업자 빌 게이츠는 10년간 기후 위기 문제를 파고들었다. 2021년 마침내 2050년까지 탄소제로를 달성하기 위한 해법을 『빌 게이츠, 기후재앙을 피하는 법』이라는 책에 담아냈다. 세계적인 전문가들과 협력해 만든 그의 솔루션은 당장 필요한 분야의 기술혁신과 정책혁신에 로드맵을 제시한다.

BILL GATES
HOW TO AVOID A CLIMATE DISASTER
THE SOLUTIONS WE HAVE AND THE *BREAKTHROUGHS WE NEED*

의 90퍼센트까지 포집이 가능하지만 아직 개발 단계에 머물러 있어 비용이 많이 든다. 좀 더 혁신적으로 바닷물과 발전소에서 포집한 이산화탄소를 사용해 시멘트를 만들거나 액체산화철 혼합물에 전기 자극을 주어 순철과 산소만 남기는 기술 등 탄소제로에 기여할 수 있는 자재 생산기술이 개발되어야 한다.

우리가 이렇게 화석연료를 많이 사용하게 된 결정적인 이유는 값이 싸기 때문이다. 싼값으로 엄청난 에너지를 얻을 수 있으니 굳이 다른 에너지원을 찾아 나설 필요가 없었다. 아직까지 화석연료로 전기를 생산하는 비율이 3분의 2를 차지하고 재생에너지의 비율이 11퍼센트에 머물러 있는 것은 결국 가성비 때문이다. 특히 이제 막 산업화에 속도가 붙은 개발도상국 입장에서 값싼 화석연료를 포기하는 것은 쉬운 일이 아니다.

또한 재생에너지는 지정학적 위치가 매우 중요하기 때문에 범용적으로 활용되는 데에 한계가 있다. 사람들은 항상 전기가 필요하지만 햇빛과 바람은 시간, 계절, 장소에 따라 얻을 수 있는 에너지의 양에 차이가 있다. 밤이나 겨울은 물론이고 바람이 불지 않거나 흐린 날이 계속되면 태양광 전기 수급에 차질이 생긴다. 일사량이 좋은 편인 우리나라의 경우 태양광에너지 사용이 용이하지만 일사량이 좋지 않은 고위도 지방에서는 활용도가 떨어진다.

세계 인구가 증가하는 만큼 전기 수요도 늘어날 텐데 탄소 제로를 달성하기 위해 재생에너지의 기술혁신이 뒷받침되어야 한다. 더 저렴한 태양 전지판이나 풍력 터빈을 만들어야 하고 배터리의 효율을 늘려야 한다. 해상풍력, 수소 발전, 바이오매스 등 다양한 에너지원을 찾는 노력을 계속해야 한다. 특히 해상풍력 발전은 바람이 충분하고 공간의 제약도 없기 때문에 많은 가능성을 가지고 있다.

마지막으로 가장 간단하고 현실적이지만 실천하기 힘든 방법이 있다. 덜 쓰고 덜 버리는 것이다. 우리는 불필요한 것에 너무 많은 에너지를 낭비하는 과잉 중독 시대에 살고 있다. 자본주의 사회에서는 쓸 만큼 써야 경제가 잘 돌아간다. 그렇다고 해서 무방비하게 쓰고 버리고 또 사면 탄소제로는커녕 현상 유지도 어렵다. 실천하기 어렵지만 있는 것을 최대한 아껴 쓰고 재활용할 수 있는 방법을 모색해야 한다.

변화하는 세계

탄소중립, 그린뉴딜은 이제 전 세계적인 흐름이다. 2021년 46대 미국 대통령에 취임한 조 바이든은 첫 업무로 파리기후변화협약 복귀를 선언했다. 그리고 약 2500조 원 규모의 그린뉴딜 정책을 발표하며 "이제껏 하지 않았던 방식으로 기후변화와 싸우겠다"고 말했다. 조 바이든이 이끄는 미국은 부자 증세를 재원으로 4년 동안 100만 개의 일자리를 창출하고 2050년까지 탄소중립을 달성하겠다는 목표를 뚜렷하게 밝혔다.

미국이 다시 기후변화 대응에 적극적으로 나서면서 탄소중립을 향한 발걸음은 더욱 탄력을 받기 시작했다. 이미 유럽은 2019년부터 수입품과 수입업체에 탄소국경세를 부과해 국내 온실가스 배출규제에 상응하는 조치를 취하겠다는 그린딜을 발표했다. 온실가스 감축은 이제 환경을 위한 선택이 아닌 기업의 수출경쟁력과 직결된 의무가 되었다.

2020년 우리 정부는 친환경 경제 구현을 위해 녹색 인프라, 신재생에너지, 녹색산업 육성을 목표로 하는 그린뉴딜 정책을 발표했다. 석탄 발전 중심의 온실가스 배출국이라는 오명을 벗고 공공시설 제로에너지화, 도시 생태계 회복, 신재생에너지 확대, 전기차 보급 확대, 저탄소 녹색산단 조성 등 다양한 정책을 추진해 저탄소, 친환경 국가로 도약할 계획이다.

환경, 사회, 지배구조의 앞 글자를 딴 ESG는 기후 위기의 시대에
걸맞는 기업의 가치를 평가하는 새로운 척도가 되었다.

    글로벌 기업들도 환경, 사회, 지배구조를 복합적으로 고려
해 기업을 평가하는 ESG 등급을 높이기 위해 경영철학에서 기
업구조까지 바꿔가고 있다. 세계 금융기관들이 투자를 결정할
때 단순히 기업의 성과에만 집중하지 않고 환경과 사회에 긍정
적인 영향을 미치는지, 지배구조가 투명한지 등을 종합적으로
평가한 ESG 등급을 중요한 기준으로 삼기 때문이다. 재생에너지
를 통한 에너지 중립, 기업의 사회적 책임 등이 곧 기업 등급으로
나타나면서 애플, 마이크로소프트, SK, 삼성 등의 기업들은 잇따
라 ESG 경영을 강화하고 있다.

    RE100은 2050년까지 글로벌 기업들이 사용하는 전력의
100퍼센트를 재생에너지로 대체하겠다는 국제 캠페인이다.

RE100에 가입한 292개 글로벌 기업들 중 애플, 마이크로소프트 등 30여 개 기업은 2020년에 이미 재생에너지 100퍼센트라는 목표를 달성했다(국내에서는 SK그룹이 최초로 가입신청). 이 기업들이 목표를 달성할 수 있었던 것은 재생에너지 발전 단가가 원자력이나 석탄보다 저렴하기 때문이다. 더군다나 수요가 늘고 관련 기술이 발전해 단가가 계속 하락하고 있다. 가격도 싸고 환경에도 이롭고 ESG 평가도 좋아지는데 바꾸지 않을 이유가 없다.

그동안 우리나라 상황은 국제적인 분위기와 동떨어져 있었다. 국내에서는 재생에너지 발전사업자와 따로 계약을 맺는 것이 불가능해서 재생에너지를 공급받을 방법도, 인증받을 수 있는 제도도 없었다. 2020년 정부가 그린뉴딜 사업의 일환으로 한국형 RE100 도입을 결정하면서 달라지고 있다. 국내 기업들도 녹색프리미엄제, 재생에너지공급인증서^{REC} 구매, 자가발전 등을 통해 재생에너지를 구매하고 인증받을 수 있게 되었다.

녹색프리미엄은 기업이 재생에너지 사용을 인정받기 위해 한국전력으로부터 추가 요금을 지불하고 재생에너지 사용 확인서를 받는 제도다. 한전 전력망 통해 공급되는 전기에서 재생에너지만 선택적으로 구매하는 것은 불가능하기 때문에 기업이 실제 재생에너지로 생산한 전력만 사용하는 것은 아니지만 녹색프리미엄의 수입 전액을 한국에너지공단에서 추진하는 신재생에너지 사업에 투자한다. 일반 소비자도 입찰에 참가해 추가 비용을 지불하고 재생에너지 전기를 구입할 수 있다.

재생에너지공급인증서는 해외 기업들이 많이 사용하는 방법이다. 에너지공단이 개설한 RE100 인증 플랫폼을 통해 인증서를 구매하면 재생에너지 소비로 인정받는다. 현행법상 발전사업자가 전력을 직접 판매하는 것이 불가능하기 때문에 제3자 전력구매계약PPA을 통해 기업이 발전사업자와 직접 전력구매계약을 맺고 재생에너지를 사용할 수 있게 만든 것이다. 이 밖에도 태양광에너지 등 직접 자가발전으로 전력을 사용하거나 재생에너지 발전사업에 지분을 투자하고 인증받는 방법도 있다.

국가나 기업 단위가 아니더라도 개인이 탄소중립에 동참할 방법이 있다. 소비자로서의 권리를 행사하는 것이다. 저탄소 제품을 사용하거나 재생에너지 인증을 받은 기업의 물건을 소비하면서 선순환 구조를 만들 수 있다. 친환경 소재나 재활용 쇼핑백 등을 사용하는 기업의 제품을 사용하는 것도 좋지만 RE100를 참고해 실질적으로 재생에너지 사용 비율이 어느 정도인지 확인하는 것도 방법이다.

특히 코로나19로 주가가 폭락했을 때 외국인의 매도 물량을 고스란히 받아내며 지수를 견인했던 개인투자자들의 영향력을 생각해보면 개인투자자들이 기업의 ESG 성과를 기준으로 투자하는 것도 변화의 동력이 될 수 있다. 환경과 사회를 생각하고 기후변화에 적극적으로 대응하는 기업의 가치와 지속가능성에 투자한다면 장기적인 수익은 물론 기후재앙을 막고 지구와 공존하는 데 적지 않은 영향력을 미칠 수 있다.

"기후변화와 같이 거대한 문제 앞에서 개인은 쉽게 무력감을 느낀다. 하지만 그럴 필요가 없다. 정치인이나 자선사업가가 아닌 개인들도 변화를 만들 수 있기 때문이다. 개인은 시민으로서, 소비자로서, 그리고 고용주 또는 직장인으로서 변화를 이끌 수 있다."

– 『빌 게이츠, 기후재앙을 피하는 법』 중에서

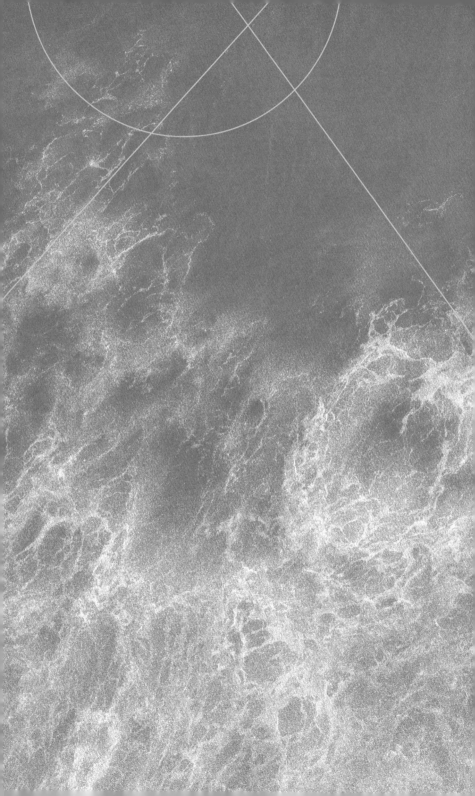

CHAPTER 2

바다가 위험하다

해빙과 빙하가 떠난 자리

빙하가 녹는다

세계적인 다큐멘터리 사진작가 제임스 발로그는 2007년부터 전 세계를 돌아다니며 빙하가 녹는 모습을 기록해 왔다. 태양열로 충전이 가능한 27대의 카메라를 남극, 알래스카, 로키산맥, 오스트리아, 그린란드, 아이슬란드에 배치해 빙하가 녹는 모습을 촬영하여 지구온난화의 물리적인 증거를 세상에 제시했다. 1~2분 분량의 짧은 영상에 10년 동안 진행돼온 빙하가 녹아내리는 모습이 담겨 있다. 수천, 수만 년에 걸쳐 형성된 거대한 빙상이 빠른 속도로 녹아내리는 모습이나 약 500미터에 달하는 빙붕이 한순간에 붕괴하는 장면은 빙하가 사라지고 있다는 사실을 체감하지 못하던 사람들에게 충격을 안긴다. 기후변화의 직접적인 증거들이 눈앞에 생생하게 펼쳐지는 것을 보

거대한 빙붕이 무너져 바다로 떠내려온 모습

면 더 이상 그 심각성을 부정할 수 없다.

북극의 기후는 세계 어느 지역보다 빠른 속도로 변화하고 있다. 지난 50년 동안 북극의 기온은 전 세계 평균보다 2배 이상 빠르게 상승했다. 최근 10년 동안 북극의 기온은 지구 평균보다 최소 1도가 높았고 여름 최고기온이 20도 안팎인 시베리아의 기온은 38도까지 치솟으면서 산불이 일어나고 영구동토층이 녹아내렸다. 추위는 전반적으로 감소하고 극심한 더위의 빈도가 증가하자 북극해의 해빙은 꾸준히 녹아내리고 있다. 인공위성으로 해빙 면적을 관찰하기 시작한 1970년대 이후로 북극해 해빙의 최소 면적은 10년마다 12퍼센트씩 감소하고 있다. 1970년대

750만 제곱킬로미터였던 해빙 면적이 현재는 400만 제곱킬로미터 이하로 줄어들었고 두께는 65퍼센트나 감소했다. 우리나라 면적의 35배에 달하는 얼음이 녹아버린 것이다. 이런 추세라면 30년 뒤 북극해에서 여름이 되면 해빙을 찾아볼 수 없을 것이라는 전망이 나오고 있다.

대륙빙하가 붕괴하면서 바다로 흘러들어가 형성되는 빙산과 달리 해빙은 바닷물이 얼어서 생긴 얼음이다. 바다에 있던 물이 그대로 얼어붙은 것이기 때문에 부피와 무게가 이미 해수면 고도에 반영되어 있어 북극해의 해빙이 다 녹아도 해수면 상승

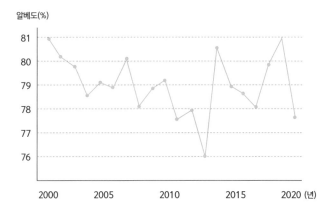

알베도는 햇빛을 반사하는 비율을 뜻한다. 2000~2019년까지 그린란드의 알베도 변화량을 보면 유지 빙하량이 감소하면서 지표면의 알베도가 점차 떨어지고 있으며, 태양에너지 유입량이 늘어나면서 지구의 평균기온이 점차 높아진다.

에 직접적인 영향을 주지는 않는다. 하지만 북극해의 해빙이 녹으면 얼음 면적이 줄어들어 햇빛을 덜 반사하고 그 빈자리를 어두운 바다가 채워 더 많은 열을 흡수한다. 열을 흡수한 바닷물의 분자 활동이 활발해지면 부피가 팽창하고 결국 해수면 상승을 일으킨다. 1993년까지 열팽창이 해수면 상승에 기여하는 비율은 50퍼센트에 달했지만, 2014년 이후 빙하의 녹는 속도가 빨라지면서 30퍼센트 정도로 줄어들기도 했다. 그렇다고 해수면 상승 속도가 줄어든 것은 아니다.

해빙은 해수면을 높이는 선에서 멈추지 않고 기후변화를 가속화시키는 양성 피드백 작용에 기여한다. 해빙이 태양에너지의 90퍼센트를 반사하는 데 반해 바다는 90퍼센트를 흡수하기 때문에 해빙이 줄어들면 줄어들수록 수온은 더 빠른 속도로 높아진다. 수온이 오르면 오를수록 해빙은 더 빠른 속도로 녹고 바다는 더 많은 열을 흡수해 지구온난화를 가속한다. 또한 따뜻한 바다의 열이 대기에 전달되는 것을 막아주던 해빙이 녹으면서 더 많은 해양 열이 대기로 빠져나가 북극 전체 기온이 올라간다.

북극의 기온이 상승하면 북극의 냉기를 가둬놓는 제트기류의 흐름이 약해져 그 냉기가 우리나라를 포함한 저위도까지 내려온다. 제트기류는 북극과 저위도 사이의 기온과 압력 차이에 영향을 받는다. 기온과 압력 차이가 클수록 제트기류는 더 빠르게 순환하면서 북극의 냉기가 남쪽으로 흐르거나 뜨거운 공기가 북쪽으로 흐르는 것을 막아준다. 하지만 북극 기온이 빠른 속

북극의 얼음은 바닷물이 얼어서 생긴 해빙이라
녹아도 해수면이 차오르지 않는다.

도로 상승하면서 다른 지역과의 기온 차이가 줄어들자 제트기류의 속도가 느려지고 흐름이 구불구불해지면서 중위도인 우리나라를 비롯해 저위도 지역까지 기록적인 한파가 내려오기도 한다. 점점 빈도가 늘고 있는 겨울철 한파는 지구온난화의 반증이 아닌 증거인 셈이다.

지구온난화로 육지의 빙하도 녹아내리고 있다. 우리나라 면적의 140배에 달하는 남극은 평균 2킬로미터 두께의 얼음으로 덮여 있는 대륙이다. 전 세계 육지 빙하 중 86퍼센트가 남극에 있는데 이 모든 빙하가 녹으면 해수면이 60미터 상승한다. 그다음으로 빙하가 많은 곳은 우리나라 면적의 20배 크기인 그린란드로 전 세계의 빙하 중 11.5퍼센트가 이곳에 있다. 그린란드에 있는 모든 빙하가 녹으면 6미터에 달하는 해수면 상승을 일으킬 수 있다. 빙하는 해빙과는 달리 육지에 눈이 쌓여 생성된 민물 얼음이기 때문에 육지 빙하가 녹으면 엄청난 양의 물이 바다로 흘러들어가 해수면 상승의 직접적인 원인이 된다.

미국항공우주국NASA을 비롯한 50여 개 연구기관이 참여한 연구에 따르면 1992년부터 2018년까지 3조 9000억 톤에 달하는 그린란드의 빙하가 소실되었고 이로 인해 해수면은 10.8밀리미터 상승했다. 빙하가 녹아내리는 속도는 1990년대부터 꾸준히 늘어 2010년대에 들어서는 7배나 더 빨라졌다. 2019년에는 그린란드에서만 5320억 톤의 빙하가 유실되면서 역대 최고 수준을 기록했다. 남극도 예외는 아니다. 남극의 빙하는 그린란

남극의 빙하는 대륙에 내린 눈과 민물이 얼면서 쌓인 것이라
녹은 물이 바다로 흘러들면 해수면을 상승시킨다.

드와 마찬가지로 빠른 속도로 유실되고 있다. 1992년부터 2017년까지 남극에서만 3조 톤의 빙하가 녹아내렸고 이로 인해 해수면이 7.6밀리미터 상승했다. 남극의 빙하가 녹는 속도는 1992년부터 매년 증가해 2017년에는 3배가 늘었다.

더군다나 빙하는 얌전히 녹지 않는다. 빙하 표면이 녹으면서 생긴 물은 빙하에 있는 틈새를 파고들어간다. 틈새로 들어간 물이 축적되면 압력에 의해 그 틈이 더 벌어지고 임계점을 넘어서면 빙하가 붕괴하면서 순식간에 바다로 떠내려간다. 그 여파로 주변 빙하에 더 많은 균열이 생기고 그 틈을 녹은 물이 채우면서 연쇄적으로 붕괴한다. 깨진 얼음이 더 빨리 녹는 것처럼 붕괴된 빙하는 따뜻한 바닷물에 의해 더 빠른 속도로 녹는다.

실제로 전 세계가 주목하는 위기의 빙하가 있다. 스웨이츠 빙하는 우리나라 면적의 1.5배에 이르는 규모로 이 빙하가 모두 녹으면 65센티미터의 해수면 상승을 일으킬 수 있는 양이다. 기후변화로 인해 따뜻해진 바닷물이 스웨이츠 빙하 아랫부분을 파고들어가 큰 구멍을 만들었다. 이미 바닷물은 14킬로미터를 파고들어가 맨해튼의 3분의 2 크기의 구멍을 만들었고 앞으로 더 많은 열과 물이 들어오면서 구멍은 점점 더 커질 것이다. 이미 30년 동안 스웨이츠 빙하의 붕괴는 2배나 가속화되었고 해수면 상승 기여도는 4퍼센트나 된다.

스웨이츠 빙하는 남극 서부의 중앙에 위치해 있기 때문에 이 빙하가 붕괴하면 남극 서부 빙하 전체가 위험하다. 남극 서부

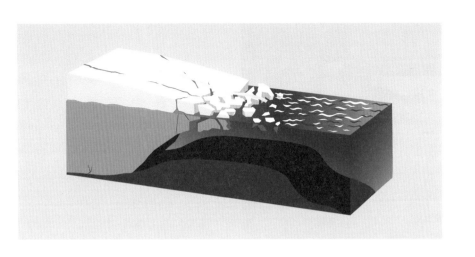

바닷물이 빙하의 아랫부분으로 흘러들어가
붕괴를 가속시킨다.

의 빙하 규모는 지구 해수면을 3미터나 끌어올릴 수 있는 양으로
만약 붕괴된다면 태평양 섬들을 비롯한 뭄바이, 뉴욕, 상하이 등
세계 주요 도시들이 침수될 것이다. 현재 완전히 붕괴하기까지 얼
마나 남았는지 예측하기 위한 연구가 진행되고 있다.

2018년에 설립된 국제스웨이츠빙하협력단은 2022년까지
스웨이츠 빙하의 상태를 정밀하게 탐사할 예정이다. 2020년에
는 스웨이츠 빙하 속을 들여다보기 위해 아이스핀이라는 소형
로봇 잠수정을 빙하 밑으로 내려보내 녹아내리고 있는 빙하의
바닥 부분을 관측하기도 했다. 이 연구를 토대로 이 거대한 빙하
의 붕괴를 막을 수 있을까? 붕괴가 시작되면 멈출 수 없다는 것
은 분명하다.

알래스카 앵커리지의 얼어붙은 강.
지반이 무너지면서 거대한 구멍이 생겼다.

오랫동안 녹지 않고 유지돼온 영구동토층도 빠른 속도로 녹아내리다 못해 붕괴하는 열카르스트thermokarst 현상이 발생하고 있다. 건물의 무게를 지탱하던 철골이 녹아내리면서 건물 전체가 내려앉는 것과 같은 원리다. 땅을 지탱하던 얼음이 녹아내리면서 붕괴가 일어나고 그 자리에 물이 차면서 호수가 생기기도 한다. 이런 열카르스트 호수의 물은 다시 영구동토층의 해빙을 가속하면서 크기와 깊이를 넓혀 나간다. 실제로 알래스카와 시베리아 곳곳에서 지반이 무너지면서 생긴 거대한 구덩이를 쉽게 발견할 수 있다.[9]

영구동토층이 녹으면서 추위를 잘 견디는 다후리안 낙엽송은 오히려 전성기를 맞이했다. 토양 온도가 상승하고 영구동토층 두께가 얇아지면서 뿌리를 더 깊이 뻗으며 급격하게 성장하고 있다. 영구동토층 위에 자라는 식물이 더 많아지면 토양이 따뜻해져 해빙이 더 가속화된다.

영구동토층의 해빙으로 미생물이 분해할 수 있는 유기탄소량이 많아져 미생물도 번성하고 있다. 부지런히 유기물을 분해하고 산소를 소비하면서 얼어 있던 메테인을 대기로 배출한다. 마지막 빙하기에 묻힌 유기탄소 퇴적물은 대기 이산화탄소의 2배에 달하는 탄소를 머금고 있어서 영구동토층의 해빙이 계속 가속화된다면 상당량의 메테인과 탄소가 대기에 배출되어 지구온난화를 가속화시키는 양성 피드백 작용을 할 것이다.

한편으로 수백, 수천 년 동안 얼어 있던 고대 미생물, 박테리아, 바이러스 등이 깨어나면서 문제를 일으키기도 한다. 2014년 프랑스와 러시아의 공동 연구팀은 3만 년 된 시베리아 영구동토층에서 인플루엔자바이러스보다 75배나 더 큰 거대 바이러스(피토 바이러스)를 발견했다. 2016년에는 시베리아 툰드라 지대가 녹으면서 갇혀 있던 탄저균이 되살아나 약 2300마리의 순록이 죽고 90여 명이 감염되었다. 탄저병이 발생할 무렵 이 지역은 기온이 35도까지 올라갔고 영구동토층이 녹으면서 75년간 얼어 있던 탄저균이 퍼지면서 집단감염을 일으킨 것이다. 인간에게 영향을 미치지 않던 코로나19 바이러스가 변이를 거쳐 인간을 감염시키고 전 세계로 퍼져 나간 것을 생각해보면 언제 또 현대인에게 일체의 면역력이 없는 위험한 고대 바이러스가 깨어나 우리를 위협할지 아찔해진다.

해수면이 올라온다

「IPCC 5차 보고서」에서 우리가 21세기 말까지 탄소 배출량을 성공적으로 억제하면 1986년부터 2005년까지의 평균 수위 대비 해수면 상승은 평균 26~55센티미터에 그친다고 한다. 하지만 IPCC는 정부간 협의체라는 구조상 각국이 합의할 수 있는 선에 맞춰 최대한 보수적으로 결과를 예측할 수밖에 없다. 기후변화에 대해 모두가 동의할 수 있는 합의점을 이끌어낸다는 장점이 있지만 동시에 최악의 가능성을 배제한다는 한계가 있다.

9.11 테러 발생 이후 미국은 1퍼센트 독트린을 발표했다. 테러 확률이 1퍼센트밖에 되지 않는다고 해도 100퍼센트로 간주하고 대처해야 한다는 대테러 정책이다. 테러에 관해서는 희박한 확률도 받아들이는 미국인들이지만 기후변화 앞에서는 전혀 다른 모습을 보인다. 자신이 살아 있을 동안에는 기후변화로 인한 최악의 위기가 발생할 리 없다고 생각하는 것일까?

기후변화야말로 최악의 가능성에 대해 인지하고 대비해야 한다. 테러로 발생할 수 있는 최악의 시나리오보다 기후변화로 발생할 수 있는 최악의 시나리오가 훨씬 더 심각하다. 인간의 행동으로 인해 재앙이 일어날 가능성이 단 1퍼센트라도 있다면 100퍼센트로 간주하고 그런 일이 일어나지 않도록 대처해야 하는 것은 바로 기후 위기다.

빙하의 해빙이 생각보다 훨씬 더 빠른 속도로 진행되면서 2019년 「IPCC 해양 및 빙권 특별보고서」를 통해 해수면 상승 폭을 더 높게 수정했지만 이마저도 빙하가 붕괴하는 등의 가능성을 배제한 아주 보수적인 예측에 불과하다. 세계 각국의 개별 연구에 따르면 탄소 배출량을 획기적으로 줄여 파리기후변화협약에서 정한 평균기온 2도 상승이라는 목표를 지키더라도 해수면은 2100년까지 최소 60센티미터에서 1.8미터까지 상승할 전망이다. 다양한 변수가 결과에 영향을 미칠 수 있기 때문에 예측 범위가 넓긴 하지만 적어도 80년 안에 60센티미터 이상 상승할 가능성은 충분하다. 해수면이 60센티미터만 높아져도 세계 주요 도시들이 침수되고 태평양의 섬나라들은 수몰된다.

실제로 마셜제도, 키리바시, 투발루 등의 남태평양 섬나라는 해수면 상승의 직접적인 영향으로 머지않아 지도에서 사라질 위기에 처해 있다. 투발루의 평균 해발고도는 2미터가 채 되지 않고 가장 높은 곳도 4.6미터에 불과하다. 투발루의 해수면은 매년 3.9밀리미터씩 상승하는데 이는 전 세계 평균에 비해 2배 높은 수준이다. 주변의 작은 섬에 살던 주민들이 수도로 몰리면서 2002년 대비 수도의 인구수가 37퍼센트 늘었다. 바닷물이 수시로 범람하는 환경에서는 농사를 짓기도 어렵기 때문에 슈퍼마켓에는 채소 대신 생선과 코코넛, 통조림이 주를 이루고 영양 불균형으로 투발루인 10명 중 4명은 비만이다.

9개의 섬으로 되어 있는 투발루는 해수면 상승으로 위기에 처했다.
우리나라를 비롯한 세계 각국은 이 섬나라를 보호하기 위해 해안
방재 시설을 설치할 수 있는 방법을 모색하고 있다.

해수면 상승은 저지대를 침수시키고 태풍과 같은 자연재해로 인한 피해를 가중시킨다. 2050년이 되면 100년에 한 번 찾아오던 폭풍과 해일 등의 자연재해가 매년 해안가 도시를 덮치면서 전 세계 3억 명의 사람들이 침수 피해에 시달릴 것으로 추정된다. 특히 그 피해는 아시아 지역에 집중되어 있다. 중국, 방글라데시, 인도, 베트남, 인도네시아 등의 아시아 지역에 사는 2억 3700만 명은 매년 주기적인 해안 침수로 결국 새로운 거주지를 찾아 이동하게 될 것이다.

세계은행에 따르면 2050년까지 기후변화로 인한 경제적 피해는 세계총생산액의 2배인 158조 달러에 이를 것으로 나타났다. 1976~1985년과 2005~2014년에 발생한 자연재해 피해 정도를 비교해보면 140억 달러에서 1400억 달러 이상으로 무려 10배 이상 늘었다. 같은 기간 매년 자연재해 피해에 시달리는 인구도 6000만 명에서 1억 7000만 명으로 증가했다. 이 추세라면 2070년에는 자연재해로 인한 피해가 매년 1조 달러에 달할 것으로 예측된다.

우리나라 역시 매년 130만 명이 해안 침수 피해를 겪게 될 것이며 지표가 만조 수위보다 낮은 곳에 거주하는 인구도 42만 명에 달할 것이라 이를 대비한 재난 대책을 마련해야 한다. 현 추세대로 온실가스를 배출하면 2030년 한반도에 대홍수가 일어나 국토의 5퍼센트가 물에 잠기고 332만 명이 직접적인 침수 피해를 입을 것이라는 분석 결과도 있다. 2030년 해수면 상승 정도

2030년 한반도 대홍수 시뮬레이션

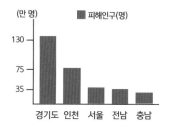
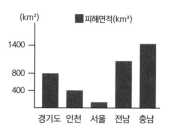

그린피스가 미국의 비영리단체 클라이밋 센트럴이 연구한 해수면 상승과 해안 홍수 데이터를 토대로 2030년 한반도 대홍수 피해를 시뮬레이션한 결과, 국토의 5퍼센트가 넘는 면적이 물에 잠기고 전국적으로 300만 명 이상이 침수 피해를 입을 것으로 예측되었다.

와 해안 홍수 데이터를 분석해 10퍼센트 확률로 발생할 수 있는 강력한 태풍이 덮쳤을 경우 우리나라의 피해 규모를 계산한 것이다.

서울, 경기 지역에 인명 피해가 집중되어 있고 김포공항, 인천공항, 화력발전소, 원자력발전소 등 여러 주요 시설이 침수될 것으로 예측된다. 실제로 2020년에 내린 집중호우로 신고리 3, 4호 일부 시설이 침수되었고 2014년에도 부산에 많은 비가 내려 고리 2호기가 침수되어 결국 발전소 가동을 중단하는 사고가 있었다. 우리나라는 전 세계를 통틀어 원전 밀집도 1위, 원자력발전소 반경 30킬로미터 이내 인구수 1위에 있다. 원자력발전소는 모두 해안가에 위치해 있기 때문에 해일이나 홍수로 인한 2차 피해가 더욱 우려되는 상황이다. 그러나 당장 원자력발전소가 아니면 전력 수요를 감당할 방법이 없다. 정부는 전력 수급에 차질이 생기지 않도록 2080년까지 점진적으로 탈원전을 달성할 예정이라고 발표했다.

세계 주요 도시 20개 중 13개는 해안에 위치해 있고 세계 인구의 40퍼센트는 해안 지역에 살고 있다. 해수면이 상승하면 살 곳을 잃은 수억 명의 환경 난민이 발생하겠지만 그 많은 사람들을 이주시킬 방법이나 수용할 수 있는 방법은 아직까지 요원해 보인다.

21세기 노아의 방주

네덜란드의 기적

네덜란드의 '네덜^{Nether}'은 '낮다'는 뜻이고 '란드^{land}'는 '땅'을 의미한다. 낮은 땅이라는 이름에 걸맞게 네덜란드는 육지가 바다보다 낮은 나라다. 네덜란드 육지의 30퍼센트는 해수면 높이보다 낮고 그 낮은 땅에 전체 인구의 60퍼센트 이상이 밀집해 있다. 국토의 20퍼센트가 간척으로 얻은 땅이며 가장 높은 곳이 해발 321미터, 가장 낮은 지역은 해수면보다 6.7미터나 낮다. 네덜란드는 이런 지형적 조건으로 자주 홍수나 범람의 피해에 시달렸고 이에 대비하기 위해 댐을 쌓고 간척지를 만들며 오랜 시간 동안 물과의 전쟁을 벌였다.

바다와의 전쟁은 기원전 6세기부터 시작되었다. 처음에는 테르펜이라 불리는 인공 언덕을 쌓아 북해의 해일과 홍수에 대

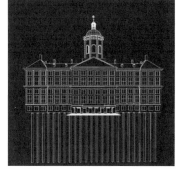

네덜란드의 암스테르담은 암스테르강 하구에 둑을 쌓아 만든 인공도시(위)다. 이 도시의 70퍼센트는 무른 땅에 나무 기둥과 돌, 벽돌을 쌓아 인공지반을 조성한 간척지고 그 위에 세워졌다. 17세기에 건립되어 지금까지 사용하는 암스테르담 궁전(아래)은 거대한 건물을 지탱하기 위해 무려 1만 3059개의 말뚝을 사용했다.

비했다. 높은 인공 언덕을 건설해 그 위에 집을 짓는 단순한 방식이다. 흐로닝언이나 프리슬란트 지방에서 이런 인공 언덕 유적이 많이 발견된다. 최초의 제방은 작물을 보호하기 위한 1미터 남짓한 둑에 불과했지만 이런 제방과 테르펜이 합쳐지면서 마을이 형성되었다. 인구가 늘면서 제방을 건설할 수 있는 노동력이 생겼고 13세기 중반에는 대부분의 제방을 연결해 바다의 침략에 대비했다.

네덜란드 하면 떠오르는 것 중 하나가 풍차다. 네덜란드에 넘치는 바람과 물을 이용해서 곡물을 빻고 물을 퍼 올리는 역할을 한다. 13세기에 처음으로 네덜란드에서 풍차를 이용해 곡물을 갈기 시작했고 15세기부터는 풍차를 이용해 저지대의 물을 퍼내면서 본격적으로 간척을 시작했다. 저지대 물을 끌어올려 농경지에 적당량을 배급하고 나머지는 수로나 운하로 내보내는 식으로 물의 흐름을 조절했다. 수자원을 효율적으로 관리하면서 농사를 지을 수 없었던 습지는 작물 재배나 목축이 가능한 토지로 변화시킬 수 있었다. 1961년까지 습지 1만 8000제곱킬로미터를 복원했는데 이는 네덜란드 국토의 절반에 달하는 면적이라고 하니 "신이 세계를 만들었으나 네덜란드는 네덜란드 사람들이 만들었다"는 말에 절로 고개가 끄덕여진다.

이런 노력에도 불구하고 네덜란드는 수백 년 동안 크고 작은 홍수에 시달려왔다. 13세기에만 무려 35번에 달하는 대홍수가 발생해 수만 명의 인명 피해가 발생했고 그나마 발붙이고 살던 간척지는 다시 바다에 잠겨버렸다. 1287년에 발생했던 세인트루시아 대홍수는 5만~8만여 명의 사상자를 낼 정도로 엄청난 규모였다. 이 홍수로 바덴해와 에이설호 지역의 육지 대부분이 영원히 물에 잠기고 담수호가 있던 지역에 바닷물이 들어차면서 조이데르해라고 불리는 북해의 만을 형성했다. 약 700년 동안 크고 작은 해일과 폭풍에 시달리던 이 지역은 1932년 32킬로미터의 방조제를 짓고 바다가 삼켰던 에이설호 담수호와 1650제곱킬로미터의 땅을 되찾았다.

가장 최근인 1953년에는 북해에서 발생한 초대형 태풍으로 남서부 해안 지역 제방이 속절없이 무너지면서 1365제곱킬로미터의 육지가 물에 잠겼다. 동물 3만 마리와 1835명의 사람이 익사할 만큼 엄청난 규모의 대홍수였다. 네덜란드 정부는 이런 비극을 재현하지 않기 위해 곧바로 대규모 공공사업인 델타 프로젝트를 진행했다. 라인강-뫼즈강-스헬더강, 세 강이 합류하는 삼각주 지역을 보호하기 위해 1997년까지 모두 13개의 댐을 설치하면서 담수화를 진행했고 조수의 영향을 받는 면적을 97퍼센트가량 축소해서 해일로 인한 홍수에 대비했다.

하지만 물의 흐름이 변하면서 갯벌이 파괴되고 갑각류와 어패류가 사라지는 등 생태계가 교란되는 문제가 발생했다. 남조류가 번성하며 수질오염이 심각해지자 다시 간척지를 습지로 복원하는 역간척 정책을 추진했다. 간척지 중 염분 농도가 높은 땅을 다시 습지로 복원하거나 기존에 있던 제방을 헐어 해수를 간척지로 유입시키는 등 적극적으로 역간척을 진행하고 있다. 1997년 완공된 마에슬란트보는 언제든지 개방할 수 있도록 여닫이문 형태로 갑문을 만들었고 2000년대 들어서는 터널을 뚫어 해수를 유통시키고 방조제를 단계적으로 개방하면서 빠른 속도로 생태계를 회복시킬 수 있었다. 물을 퍼내고 제방을 쌓으며 바다와 전쟁을 벌이던 네덜란드가 이제는 자연과 공존의 길을 걷고 있다.

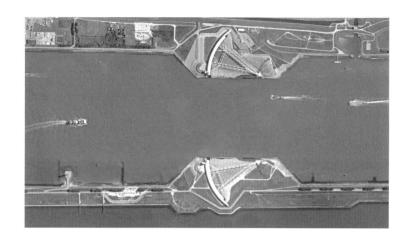

로테르담에 있는 마에슬란트보는 태풍이나 해일을 방재하기
위해 열고 닫을 수 있는 형태로 만들어졌다. 해수면이 상승하
면 비상 프로토콜이 작동되어 240미터의 보가 닫힌다. 이 보는
거센 바람이나 파도에 맞춰 진동하는 구조로 되어 있어 보에
가해지는 힘을 줄인다.

　　도시의 90퍼센트가 해수면보다 낮은 지역인 로테르담은 라
인강과 뫼즈강 하구에 위치해 있어 홍수 피해가 많은 지역이다.
하지만 제방을 높게 쌓기만 하는 것이 아니라 물이 흐를 수 있는
공간을 만들면서 물과 공존하는 방법을 모색하고 있다. 로테르
담 중심에 위치한 뮤지엄 파크 아래에는 물을 저장할 수 있는 저
류지가 있다. 총 1만 제곱미터의 하수처리가 가능하고 1000만
리터의 물을 저장할 수 있는 공간이다. 비가 내리면 도시 곳곳에
위치한 채집관을 통해 이곳으로 물이 흘러들어온다. 하수도 시
설을 개선해 물을 효율적으로 관리함으로써 홍수 피해를 크게

줄일 수 있었다.

　벤텀 광장도 평소에는 사람들이 앉아 쉬거나 여가 활동을 즐길 수 있는 공공시설이지만 비상시에는 저류지로 활용될 수 있도록 설계되었다. 워터 스퀘어라고 불리는 이 광장은 총 3개의 분지로 이루어져 있다. 비가 내리면 인근에 있는 물이 2개의 작은 분지에 먼저 모이고 그래도 넘치면 메인 광장에 물이 흘러들어온다. 170만 리터의 물을 수용할 수 있는 시설로 모인 물은 배수관을 통해 북해 운하로 서서히 배출되거나 주변의 정원을 가꾸는 데 사용된다.

　이 밖에도 로테르담은 도서관, 병원, 박물관 등의 지붕 위에 녹색 옥상을 만들어 지속가능하고 건강한 도시를 만들려는 노력을 기울이고 있다. 지붕에 식물을 자라게 하면 기존의 지붕보다 더 많은 빗물을 저장할 수 있다. 자연 친화적인 홍수 예방 시설이 되는 것이다. 여름에는 건물을 식히고 겨울에는 단열로 난방효과를 높여 에너지 소비를 줄이고 열을 반사하고 물을 증발시키면서 도시의 온도를 조절하는 역할을 하기도 한다. 무엇보다 꽃이 피고 새가 날아다니는 지붕은 보기에도 좋다.

　로테르담은 앞으로 닥칠 기후변화 시대에 대비해 탄소 배출을 줄이면서 물과 함께 살아가는 방식으로 도시 개발 방향을 전환하고 있다. 수백 년에 걸친 자연과의 전쟁에 종지부를 찍고 물과 더불어 살 수 있는 방법을 모색하기 시작한 것이다. 물을 효율적으로 관리하는 방법을 통해 피해를 최소화하고 동시에

친환경, 재생에너지 전환 등을 통해 근본적인 원인을 해결하기
위한 노력도 병행하고 있다. 하지만 앞으로 수세기에 걸쳐 해수
면이 지속적으로 상승할 것으로 예측되는 만큼 제방이나 둑으
로 물을 막는 방법에는 한계가 있다.

아쿠아독 프로젝트

유럽 최대의 무역항으로 급변하고 있는 도시 로
테르담은 기후변화로 인한 해수면 상승과 대도시의 인구 증가
에 대비하기 위해 물과의 공생을 넘어 이제는 드넓은 바다 위에
새로운 땅을 띄우려는 아쿠아독 프로젝트를 시작했다. 물을 막
아 땅을 만들었던 전통적인 방식에서 벗어나 물에 땅을 띄우는
혁신적인 발상을 꾀하고 있는 것이다. 이용객이 줄어 방치되었
던 로테르담의 작은 항구들은 앞으로 50년 후에 맞이할 새로운
환경에 대비하기 위해 혁신적인 기술과 아이디어를 실험하는
무대가 되었다.

멜베하벤 항구에는 물 위에 떠 있는 수상농장이 있다. 이곳
에서 젖소 40마리가 하루에 800리터의 우유를 생산한다. 도시
에서 멀리 떨어진 일반 농장과는 달리 수상농장은 유제품 수요
가 많은 인근 도시에 정박해 우유를 판매할 수 있다. 농장이 소
비자에게 다가옴으로써 소비자들은 긴 유통망을 거치지 않고

직접 신선한 우유를 구입할 수 있으며, 코로나19와 같은 전염병으로 유통망이 마비되더라도 소비자는 가까운 수상농장에서 신선한 유제품을 직접 구할 수 있다.

수상농장은 가능한 한 많이 재사용하고 재활용하는 것이 목표다. 단순히 물 위를 떠다니며 신선한 유제품을 생산하는 것이 아니라 순환하는 시스템을 갖춘 에너지 중립 농장이다. 지붕에는 빗물 수집 장치가 있어 빗물을 모아 식수와 농수로 사용하고 인근 공원이나 골프장에서 나오는 풀과 농장에서 버리는 감자껍질, 맥주공장에서 나오는 곡물 찌꺼기 등을 사료로 사용한다. 태양광 패널로 만들어진 전기는 소를 돌보는 소프트웨어 프로그램을 작동시킨다. 소의 노폐물을 제거하는 로봇, 먹이를 주

수상농장은 3층으로 된 해상 구조물로 1층은 물에 뜰 수 있는 구조체, 2층은 유제품을 가공하는 작업장, 3층은 식물과 소나 양과 같은 가축을 키우는 농장으로 이루어졌으며 이동도 가능하다.

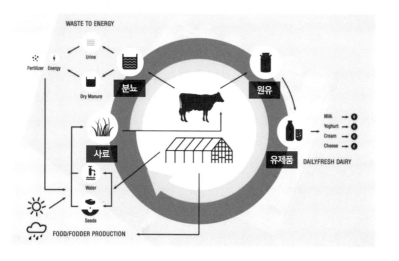

신선하고 안전한 유제품을 생산하는 혁신적인 수상농장. 젖소에서 우유를 생산해 요거트와 같은 유제품을 가공하고 분뇨는 사료와 에너지 생산에 활용하고 빗물을 모아 식수와 농수로 쓰는 친환경시스템이다.

는 로봇, 젖을 짜내는 로봇 등으로 자동화되어 있어 두세 명의 인부가 전체 시스템을 관리할 수 있다. 젖소들이 생산한 우유는 요구르트나 치즈로 가공되고 소의 배설물은 로테르담의 경기장이나 지역 공원의 퇴비로 쓰인다.

방문객들은 입장료를 내고 시설을 구경할 수도 있다. 수상 농원 주변의 울타리와 유리벽을 통해 시설을 구경할 수 있는 공간이 마련되어 사람들의 교육, 관광용으로도 적합하다. 이렇게 자급자족이 가능한 수상농장은 도시농업에 적합하고 기후변화에 유동적으로 적응할 수 있어 미국, 싱가포르, 중국 등지에서 관심을 보이고 있다.

수상농원의 성공에 힘입어 이제는 수상양계장 건설 계획이 진행 중이다. 암탉 7000마리를 수용할 수 있는 이 수상양계장은 닭의 분뇨를 스마트팜의 비료로 사용하고 나머지는 건조해 비료 제품으로 판매할 예정이다. 지붕에는 태양광 패널을 설치해 자체적인 전기 생산이 가능하고 물은 강물을 정화해서 사용한다.

또 로테르담의 레인하벤 항구에는 물 위에 떠 있는 수상정원이 있다. 갈수록 부족해지는 녹지 문제의 해결책으로 물 위에 떠 있는 숲을 고안한 것이다. 북해에 떠 있던 부표와 공사로 살 곳을 잃은 느릅나무가 만나 물 위에 떠 있는 숲을 이루었다. 스무 그루의 느릅나무들은 많은 영양분을 물속으로 배출하면서 폐수를 정화하는 역할도 한다. 나무는 대부분 파도가 심한 곳에서 잘 자라지 못하지만 이 느릅나무는 파도가 일렁이는 환경에서도 잘 자랄 수 있다. 다른 나무에 비해 빨리 자라는데다 물과 바람의 영향에 덜 민감하기 때문이다. 이 나무들이 성공적으로 자란다면 세계 어느 곳에서도 볼 수 없는 수상 숲을 만나게 될 것이다.

수상정원 바로 옆에는 리사이클 파크라 불리는 수상공원이 있다. 이 공원은 전부 강과 부두에 버려지는 플라스틱으로 만들어졌다. 물에 떠다니는 플라스틱은 재가공을 거쳐 육각면체의 빌딩 블록이 된다. 육각면체의 빌딩 블록은 서로 연결되어 식물이 자라고 사람들이 쉬어갈 수 있는 공간을 제공한다. 빌딩 블록

신이 세상을 창조했지만
네덜란드는 네덜란드 사람들이 만들었다.

위에는 식물을 심고 밑면은 거칠게 만들어 수중 생태계에 좋은 자극을 주도록 설계했다. 사람들이 버린 플라스틱을 수중 생태계에 긍정적인 영향을 미칠 수 있는 수상공원으로 탈바꿈시키면서 해양환경을 개선함과 동시에 사람들에게 해양 쓰레기 문제의 심각성을 알리는 역할을 한다.

세계적응센터^{GCA}의 수상오피스도 레인하벤 항구에 건설될 예정이다. 탄소발자국을 줄이기 위해 건물 전체가 목재로 만들어지는 이 수상오피스는 자체적으로 지속이 가능한 에너지 중립 시설이다. 태양광 패널을 사용해서 전기를 생산하고 레인하벤 항구의 물을 사용해서 온도를 조절한다. 전 세계의 기후 탄성력을 위해 노력하는 GCA의 정신을 이 수상공원이 상징적으로 보여준다.

이곳 아쿠아독에는 미래 해상도시 건설을 위한 플랫폼이 조성될 것이다. 산학협력을 위한 연구단지를 비롯해 혁신적인 제품의 생산단지, 물 위의 삶을 체험할 수 있는 수상호텔과 수상 농장 등이 건설될 예정이다. 로테르담은 향후 10년간 탄소 배출량을 50퍼센트 줄이고 방치된 부두에 수상 생활단지를 조성해 나갈 계획이다. 미래에 맞닥뜨릴 문제를 완전히 해결할 수는 없지만 새로운 환경에 적응하고 바다와 함께 살아가는 방식으로 도시 개발 방향을 전환하고 있다.

물 위의 집

　　네덜란드에서는 주거공간도 물 위로 이동 중이다. 아이버그에는 좀 특별한 주택단지가 있다. 언뜻 보면 평범해 보이지만 사실 전부 물 위에 떠 있는 집이다. 모든 집은 떠내려가지 않도록 고정되어 있다. 스마트 그리드와 태양광 패널을 설치해 에너지를 자체적으로 생산하고 전력을 효율적으로 사용한다. 물 위에 떠 있는 집에 산다는 것은 어떤 기분일까?

　　물 위에 떠 있지만 구조면에서는 육상주택과 별 차이가 없다. 수상주택은 3층으로 되어 있는데 특이한 점이라면 1층의 반이 수면 아래 있다는 것이다. 일반주택은 침실이 위층에 있지만 수상주택의 침실은 수면 아래에 있다. 창으로 물이 넘칠까 불안해 보이지만 수위 변화에 따라 자동적으로 오르내리도록 설계되어 안전하다. 오히려 물에 잠긴 공간의 경우 겨울에는 단열효과가 있어 일정한 온도를 유지해주며 여름에는 매우 시원해서 냉방기를 사용할 필요가 없다.

　　수상주택의 가스, 수도, 하수처리관, 케이블 등은 규격화된 파이프에 연결되어 있다. 연결과 분리가 자유로워서 집을 옮기고 싶으면 파이프를 분리해서 새로운 곳에 연결하면 된다. 집에서 나온 생활폐수는 모두 걸러져 하수처리장으로 빠져나가기 때문에 호수를 오염시킬 염려도 없다. 물 위에 떠 있는 집은 낭만적인 주거공간이자 해수면 상승에 대처하는 미래 주택으로

암스테르담에는 바다를 막아 만든 인공호수에
수상주택 단지가 조성되어 있다.

주목받고 있다. 수상주택 한 채는 5억~6억 원 정도다. 아이버그
일대에 수상도시가 완성되는 2030년이면 세계 최대의 수상주택
단지가 조성될 것이다.

네덜란드 수상주택의 역사는 60여 년 전 2차 세계대전 이후
가난한 노동자들이 낡은 보트를 주거지로 사용한 것이 시초였
다. 지금도 암스테르담 운하를 따라가다 보면 하우스 보트들이
늘어서 있는 모습을 볼 수 있다. 발전된 건축기술에 힘입어 하우
스 보트가 현대식 수상주택으로 완전히 탈바꿈하고 있다. 특히
네덜란드 정부가 수상주택을 부동산으로 인정하면서 그 수가
점점 증가하는 추세다. 물 위의 집이 미래의 주거공간으로 부상

하면서 너비, 깊이, 길이 등 규격에 제한이 있었던 것을 완화해 이제는 땅 위에 짓는 주택과 같은 조건으로 수상주택을 지을 수 있다.

네덜란드 위르크에 있는 ABC아르켄보우 수상주택 전문건설사는 네덜란드에서도 최대 규모로 손꼽힌다. 이곳에서 매년 50채 이상의 최신식 수상주택과 사무실을 제작한다. 집을 물 위에 지탱하기 위해 욕조 형태의 함체를 사용하는데, 함체란 건물을 뜨게 해주는 부유체를 말한다. 함체의 종류는 형태에 따라 크게 반잠수형과 폰툰형으로 나뉜다. 해양 플랜트 같은 대형 구조

석유 시추 시설과 같은 대형 구조물은 반잠수형 함체(좌측)를 사용하고 수상주택과 같은 소형 구조물은 폰툰형 함체(우측)를 사용한다.

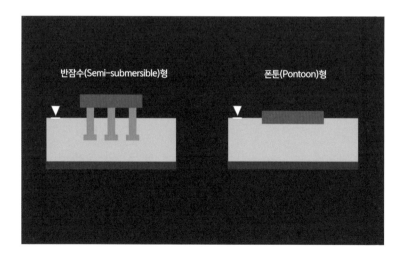

반잠수(Semi-submersible)형

폰툰(Pontoon)형

물에는 주로 반잠수형이 사용되는데 수압 면적이 적어 파도와 바람의 동요가 적다. 수상주택과 같은 소형 구조물에 사용되는 것이 폰툰인데 구조 형식이 단순해 제작이 편리하고 경제적이다.

폰툰으로 만든 집의 무게는 80~140톤에 달하지만 아르키메데스가 밝혀낸 부력에 의해 물에 가라앉지 않고 뜰 수 있다. 부력은 물이나 공기 같은 유체에 잠긴 물체가 유체로부터 중력 반대 방향으로 받는 힘을 말한다. 수상주택은 배가 뜨는 것과 똑같은 원리로 부력을 받도록 설계되었다. 함체의 부피는 크지만 속은 비어 있어 같은 부피의 물보다 더 가볍기 때문에 물 위에 쉽게 뜰 수 있다.

함체의 재료는 콘크리트다. 철로 만들면 녹이 슬어 5년마다 물 밖으로 꺼내 다시 페인트칠을 해야 한다는 단점이 있다. 발포 폴리스티렌과 같은 가벼운 소재를 사용하면 좋겠지만 쥐가 갉아먹어서 구멍이 나기라도 하면 수상주택이 가라앉을 수도 있다. 이에 비해 콘크리트는 물이 새지 않고 물 밖으로 꺼낼 필요도 없다는 큰 장점이 있다. 안정성과 내구성을 확보하기 위해서 콘크리트 함체 안에 철근이 투입된다. 부식을 방지하기 위해서 완전 방수 상태로 만드는 공정이 필요하다.

ABC아르켄보우는 벽과 바닥에 콘크리트를 한 번에 쏟아부어 연결 부위가 없는 단일한 함체를 만든다. 콘크리트를 붓는 작업에서 가장 중요한 것은 콘크리트 반죽에 진동을 주는 작업이다. 단순히 콘크리트를 붓기만 하면 벽에 약한 부분이 생기기 때문에 진동을 주어 콘크리트 사이의 공기층을 없애고 입자를 균일하게 만들어 균열의 여지를 완벽히 차단한다. 세심한 공정을 거쳐 불침투성이의 함체가 만들어진다. 함체를 만들 때 가구와 가전의 배치를 미리 계산해서 벽의 두께로 균형을 맞춰야 한다.

함체가 완성되면 목재 패널로 바닥을 제작한다. 그 위에 경량의 철골 구조물로 집을 올리면 수상주택이 완성된다. 간척으로 인공 대지를 만들고 집을 짓는 데에는 최소 3년 이상의 긴 시간이 필요하지만 수상주택을 건설하고 설치하는 데는 대략 5개월이면 충분하다. 이곳에서 제작된 수상주택의 보증기간은 25년이지만 수명은 최소 50년에서 100년이다. 이 회사에서 만든 콘크리트 함체는 40~50년이 지난 지금까지도 아무런 문제없이 물위에 떠 있다.

현재 수상주택을 설치할 수 있는 지역은 정온수역, 즉 파도가 거의 없는 수역에 한정되지만 주거공간이 육상에서 수상으로 발전해온 것처럼 기술이 향상되고 경험이 축적된다면 설치 범위는 머지않아 바다로 확대될 것이다. 이미 전 세계 거대 도시들은 포화 상태고 독일 함부르크를 비롯해 미국 시애틀, 캐나다 리치몬드 등지에서도 수상주택이 늘고 있다. 수상주택은 매립 방식에 비해 효율적이고 경제적이며 기후변화로 인해 해수면 상승이나 대도시 주거지 문제의 새로운 대안이 될 가능성이 높다.

로테르담 나사우하번에
조성된 수상주택 단지

인공섬

1970년대까지만 해도 해상운송에 소요되는 시간과 비용이 너무 컸기 때문에 구하기 힘든 특산품이나 원자재가 아니라면 대부분 자국 내에서 물건을 직접 생산하고 소비하는 것이 일반적이었다. 회사마다 각자 다른 형태의 상자와 도구를 사용했던 탓에 수많은 인부들이 직접 트럭에서 배로 화물을 실어 날라야 했는데 효율이 떨어져 시간이 지체되거나 화물이 분실되고 파손되는 일이 비일비재했고 바다를 건너는 것보다 물건을 신고 나르는 비용이 더 클 정도로 인건비가 높은 비중을 차지했다.

미국인 사업가 맬컴 맥린은 이 문제를 해결하기 위해 제각각인 상자를 규격화해서 직접 배에 신는 방법을 생각해냈다. 모든 선박과 트럭이 공통 규격의 컨테이너를 사용할 수 있도록 노조와 정부 관계자들을 꾸준히 설득했고, 효율성이 입증되면서 순식간에 컨테이너의 표준화가 이루어졌다. 이후 해상운송비가 60퍼센트나 감소하면서 세계 화물 운송량이 5배 증가했다. 2019년에만 2억 개가 넘는 컨테이너가 전 세계를 오갔다. 컨테이너가 표준화되면서 국제무역에 들어가는 운송비가 크게 절감되었고 결국 전 세계가 연결되는 혁신이 일어났다.

스페이스앤씨 컨소시엄은 컨테이너 표준화 개념을 이용해 해수면 상승과 인구 증가로 인한 주거, 식량, 에너지 문제 등을 해결할 수 있는 플로팅 폰툰 시스템을 개발했다. 도시나 산업 지역이 전통적인 토지 기반 시설 위에 고정되어 있는 것과 달리 모듈식, 유동식 인공섬은 필요에 따라 크기와 배치를 조절할 수 있어 훨씬 유연하게 활용할 수 있다. 각각의 모듈의 크기와 연결 장치는 표준화되어서 결합 방식에 따라 다양한 구조를 만들 수 있다. 하나의 거대한 섬을 만들지 않고 모듈 연결 방식을 선택한 이유는 섬이 파도와 함께 움직여서 섬 자체에 가해지는 파도의 힘을 줄여 안전하게 만들기 위한 것이다.

마린해양연구소의 플로팅 폰툰 시스템은 1:60 비율로 축소한 모듈에 센서를 달아 유체역학적인 안정성을 테스트한다. 각 모듈에 무게추를 올려 집이나 산업 구조물의 무게를 대신해서 실험한 결과 최대 6미터 높이의 파도를 견딜 수 있다.

　　항공모함이나 크루즈와 같이 거대한 몸체를 만들면 잔잔한 파도 위에서 흔들림이 적고 안정적이지만 제조 과정이 복잡하고 비용도 막대하다. 확장하는 데도 한계가 있으며 무엇보다 풍랑에 취약할 수 있다. 하지만 표준화된 여러 개의 작은 인공섬을 연결할 경우 제작이 용이하고 필요에 따라 확장, 축소가 가능하며 예측할 수 없는 바다 환경에 탄력적으로 대응할 수 있다. 이를 테면 직소퍼즐처럼 도시를 바꾸고 조립하고 재조립할 수 있는 것이다.

모스 해운은 2021년까지 노르웨이의 프루야섬 앞바다에 부유식 태양광 시범 발전소를 건설할 예정이다. 지금까지 부유식 태양광 시설은 대부분 파도가 없는 양식장, 하수처리장, 저수지 등에 건설되었지만, 이번에는 세계 최초로 잔잔한 해역뿐만 아니라 거친 날씨도 견딜 수 있도록 설계되었다. 표준화된 태양광 모듈이 서로 유연하게 연결되어 파도와 함께 움직이기 때문에 모듈 자체에 큰 무리가 가지 않는다. 모듈 크기는 가로세로 10미터 길이의 정사각형으로 정해졌지만 모듈이 설치되는 장소의 환경을 고려해서 변경이 가능하며 표준화가 적용되어 제작과 운송, 설비가 간단하다.

부유식 태양광기술의 가장 큰 장점은 토지가 필요하지 않다는 것이다. 육지에서는 태양광 발전 시설을 확장하기 위해 산을 깎아 탄소 흡수원인 산림자원을 파괴하는 일이 발생하기도 한다. 태양광 발전을 하는 근본적인 취지를 퇴색시키는 일이다. 하지만 부유식 태양광기술을 사용하면 굳이 좁고 비싼 땅을 두고 경쟁할 필요 없이 지구 면적의 70퍼센트를 차지하는 바다에 해상태양광발전소를 지을 수 있다.

태양광 발전 효율도 육지보다 바다가 더 낫다. 태양전지의 셀은 온도 25도 근처에서 가장 높은 효율을 보이고 온도가 높아질수록 점점 떨어진다. 햇빛이 충분하면서도 온도가 너무 높지 않은 곳을 찾아야 하기 때문에 입지 선정이 쉽지 않은데, 바다에서는 수면 위 냉각효과로 태양광 발전 효율이 더 높아진다. 그뿐

기존의 부유식 태양광발전소는 잔잔한 해역이나
파도가 없는 호수나 강에 설치했다.

만 아니라 한국농어촌공사에서 수상 태양광 발전시설 환경영향
을 연구한 자료에 따르면 가뭄 기간에는 물의 증발을 막고 녹조
를 완화하며 해양동물의 산란 환경을 조성해 해양생태계에 긍
정적인 영향을 미친다.

덴마크는 2033년까지 북해에서 80킬로미터 떨어진 곳에
세계 최초의 인공 에너지 허브를 만들겠다고 발표했다. 에너지
허브의 등장은 해상풍력발전의 패러다임을 변화시킬 것이다.
지금까지 개별 단위로 구성되었던 해상풍력발전과 달리 여러
대의 풍력발전기를 허브에 연결해 생산된 에너지를 효율적으로
분배할 수 있는 해양발전소이기 때문이다. 200대의 해상풍력발

전기에서 생산된 전력이 인공섬에 있는 재생에너지 허브로 모아진 후 파워그리드를 통해 유럽 전역으로 송전될 예정이다.

처음에는 200대의 풍력발전기로 시작해 300만 가구가 사용할 수 있는 전력을 공급하고 점차 규모를 늘려 600대의 풍력발전기로 1000만 가구가 전력을 공급받을 수 있도록 할 계획이다. 그렇게 된다면 2050년까지 탄소제로를 달성하기 위해 해양 풍력발전으로 3억 가구가 사용할 수 있는 에너지를 공급하겠다는 유럽연합의 목표에 크게 기여할 수 있다. 유럽 최대 석유 수출국이기도 한 덴마크는 2050년까지 석유와 가스 탐사, 추출 생산을 중단하기로 결정했을 뿐만 아니라 에너지 허브를 통해 주변 유럽 국가들에게 재생에너지를 제공하는 역할을 도맡으려 하고 있다.

해상도시

2154년 지구는 폭증한 인구와 자원고갈, 환경오염 등으로 인해 완전히 황폐화되었다. 상위 1퍼센트에 속하는 부자들은 초호화 우주도시로 이주하고 나머지 인류는 폐허와도 같은 지구에 버려졌다. 극소수의 사람들은 지구에서 완전히 떨어진 인공 우주도시에서 맑은 공기와 완벽하게 조성된 녹지, 최고의 의료시스템 등을 누리며 살지만 지구에 버려진 대부분의 사람들은 고통 속에서 하루하루를 살아간다. 최첨단 과학기술은 부자들의 삶을 윤택하게 해주지만 지구에 사는 대부분의 사람들에게는 삶을 파괴하고 억압하는 용도로 사용된다. 바로 영화 〈엘리시움〉의 세계관이다.

2008년 공해상에 어떠한 국가의 간섭도 받지 않는 독립국가를 세운다는 취지로 시스테딩협회가 설립되었다. 미국 실리콘밸리의 기업인, 경제학자, 활동가들이 모여 자연재해와 국가의 통제로부터 자유로운 유토피아 건설을 꿈꾼다. 관세와 세금이 없고 녹색에너지를 사용해 자급자족이 가능한 역외 공동체다. 어떤 국가의 주권에도 구속받지 않고 개인의 능력을 마음껏 펼쳐 보일 수 있다는 좋은 취지를 내세우지만, 부자들을 위해 부

두 개의 세상으로 갈라진 미래, 버려진 지구에 사는 99퍼센트의 사람들은 선택받은 1퍼센트가 사는 도시 엘리시움을 위해 무자비하게 착취당한다.

자들이 만드는 유토피아는 〈엘리시움〉의 초호화 우주도시를 떠올리게 한다.

시스테딩협회의 해상도시 프로젝트는 페이팔의 공동 설립자 피터 틸의 후원으로 급물살을 타, 2013년에 디자인 콘셉트를 선보였다. 변의 길이가 50미터인 사각형이나 오각형 모듈 플랫폼을 서로 연결하는 방식으로 도시를 건설하는데 비용과 내구성을 고려해서 철근콘크리트가 재료로 선택되었지만, 재생 가능한 에너지기술을 사용해 친환경적이고 자급자족할 수 있는 시스템을 구축한다. 대략 11개의 플랫폼에 250채의 주택이 들

약 2000억 규모의 프로젝트로 기획된 시스테딩 해상도시는 2018년 공식적으로 무산되었다. 시스테딩은 지금도 억만장자들의 꿈을 실현시켜줄 유토피아 건설을 위해 영해를 내어줄 나라를 찾고 있다.

어설 예정으로 처음에는 200~300명이 거주하는 작은 도시에서 시작해 점점 규모를 확장해 나갈 계획이다.

2019년 뉴욕에서 열린 유엔 해비타트 원탁회의에서 지속가능한 도시의 대안으로 해상도시가 검토되었다. 유엔이 주목하는 해상도시는 최대 1만 명의 주민이 살 수 있는 오셔닉스 시티다. 블루 프런티어의 공동 설립자 콜린스는 시스테딩연구소와 함께 진행했던 프랑스령 폴리네시아 해상도시 프로젝트가 무산되면서 오셔닉스를 독자적으로 설립했다. 그가 무엇보다 중요하게 생각하는 것은 해상도시가 부자들만의 전유물이 되어서는 안 된다는 점이다. 시스테딩이 추진했던 억만장자를 위한 유토피아 건설이 아니라 해수면 상승에 위협받는 일반 시민들을 위한 해상 공동체를 만들겠다는 목표를 가지고 있다.

이 인공섬은 5500평 크기의 육각형 모듈을 기본 단위로 한다. 이 인공섬 6개를 결합하면 작은 마을 공동체를 만들 수 있고, 다시 이 공동체 6개를 결합하면 1만 명이 거주하는 소도시를 만들 수 있다. 해상도시 외곽에는 태양광 발전 시설을 배치해 파도와 바람을 막아주고 주거지역은 안쪽에 자리한다. 오셔닉스 시티는 자체적으로 자급자족이 가능한 에너지 중립 해상도시다. 에너지는 태양광, 풍력, 수력 터빈 등의 재생에너지로 얻고 물은 용도에 따라 빗물을 받거나 공기, 바닷물 등을 재처리해서 사용한다. 식량은 수직 수경농장으로 재배하고 이동수단은 주로 자전거나 자율주행 전기차를 이용한다. 음식물 쓰레기나 배설물

탄소발자국은 인간의 활동으로 만들어지는 온실가스의 총량을 의미한다. 농사를 짓고 가축을 기르는 것에서 원료를 채취하고 제품이나 서비스를 생산, 운송과 폐기 등 전 과정에서 발생하는 온실가스를 이산화탄소 배출량으로 환산해 제품에 표시하기도 한다.

시미즈건설이 계획한 그린플로트의 구상도

은 퇴비로 재활용하고 기본적인 생산, 소비재도 자체 생산하기 때문에 탄소발자국이 발생하지 않는다.

섬나라 일본도 해수면 상승의 위협에서 자유롭지 못하다. 일본 대표 건설사인 시미즈건설은 태평양 적도 선상에 높이 1000미터의 해상도시, 그린플로트를 건설하겠다고 발표했다. 적도 지역은 덥지만 온도가 일정하고 태풍도 일어나지 않는 안정된 기후라서 해상도시를 건설하기 안성맞춤이다. 적도에 1000미터 높이의 타워를 세우면 1000미터 상공은 시원하기 때문에 1년 내내 평균기온이 26도를 유지한다.

그래서 그린플로트는 해상 700~1000미터에 위치한 공중도시다. 안테나처럼 생긴 꼭대기 부분의 바깥에는 주택이나 병원이 위치하고 중심부에는 사무실이나 상업시설 등이 있다. 그 아래 타워 부분에는 식물공장이 들어선다. 어장에서 축산농장 등 식량부터 에너지까지 자연 순환되는 친환경 도시라서 인구 3만 명이 자급자족할 수 있다. 타워 아래의 물가에는 1만 명이 거주할 수 있는 주거지역과 해변 리조트, 바다숲 등이 있다.

수련의 잎처럼 생긴 그린플로트는 여러 단위가 모여 도시를 이루고 국가를 이루는 형태다. 필요에 따라 서로 자유롭게 떨어졌다가 붙을 수 있고, 해양환경에 미치는 영향을 최소화하기 위해 바다에 서서히 떠다니는 방식을 택한다. 최대 40퍼센트까지 탄소 배출량을 줄이고 친환경 녹색기술을 이용해 폐기물 제로를 달성하는 것이 목표인 그린플로트는 2025년에 첫선을 보일 예정이다.

지금까지는 해양생태계 파괴를 감수하면서 간척사업을 진행해왔지만, 물에 모래를 붓거나 댐으로 물길을 가로막는 대신 인공섬을 띄우면 환경 피해를 최소화할 수 있다. 무엇보다 육지에 건물을 짓는 것보다 물 위에 건물을 짓는 것이 더 지속가능하고 경제적이다. 예를 들면 잠깐 사용하고 말 올림픽경기장을 육지에 건설하는 것은 굉장히 비효율적인 일이지만, 물 위에 떠다닐 수 있도록 제작한다면 얼마든지 경기장을 필요한 곳으로 이동시킬 수 있다. 재정이 부족한 도시에서도 경기장을 빌리는 비용만 지불하면 올림픽이나 월드컵 같은 행사를 개최할 수 있을 것이다. 또한 포화 상태의 도시를 물리적으로 영구히 확장하지 않고도 기능적으로 확장하는 해법이다.

하지만 아직 풀어야 할 숙제가 많다. 앞으로 해상도시가 어떻게 움직일지, 사람들이 물 위에 오래 있으면 어떤 것들을 경험하게 되는지, 사람들이 편안하고 안전하다고 생각하는 선에서 어느 정도의 움직임까지 허용할 수 있는지, 에너지를 어디서 안정적으로 얻을 것이며 폐수를 어떻게 처리할 것인지, 깨끗한 물을 어디로부터 얻을 것인지 등 기술적으로 풀어내야 할 과제가 수두룩하다. 한편으로 해상도시가 자본의 독점과 빈부격차를 심화시키거나 기술독재사회로 이어지지 않도록 새로운 사회구조에 대한 다각적인 연구도 뒷받침되어야 한다.

작은 공동체라고 해도 새로운 체제와 구조를 가진 도시를 만든다는 것은 결코 녹록한 일이 아니다. 하지만 해상도시 건설은 더 이상 무모한 발상이 아니다. 우리나라도 이미 해상도시를 설계하고 만들 수 있는 기술력을 가지고 있다. 문제는 언제나 그렇듯이 비용이다. 지속적인 관심과 투자를 통해 개발 비용을 낮추고 해상도시를 상용화할 수 있는 발판을 마련해야 한다.

삼면이 바다로 둘러싸여 해수면 상승의 영향에 크게 노출되어 있는 우리나라에게 해상도시 건설은 언젠가는 마주해야 할 과제일 수밖에 없다. 인류의 역사를 바꾼 과학적 진화가 무모한 발상에서 시작된 것처럼 도전은 이미 시작되었고, 바다 위를 떠다니는 도시를 방문할 날은 생각보다 가까워졌을지도 모른다. 해상도시는 기후변화의 재앙으로부터 인류를 구원해줄 21세기 노아의 방주가 될 수도 있으니까 말이다.

OCEANIX CITY

소수의 부자를 위한 휴양지나 유토피아가 아닌 기후변화에 대한 대응책으로 새롭게 부상하고 있는 해상도시. 오셔닉스 시티를 설계한 비야케 잉겔스는 이를 가리켜 '실용적 유토피아'라고 말했다.

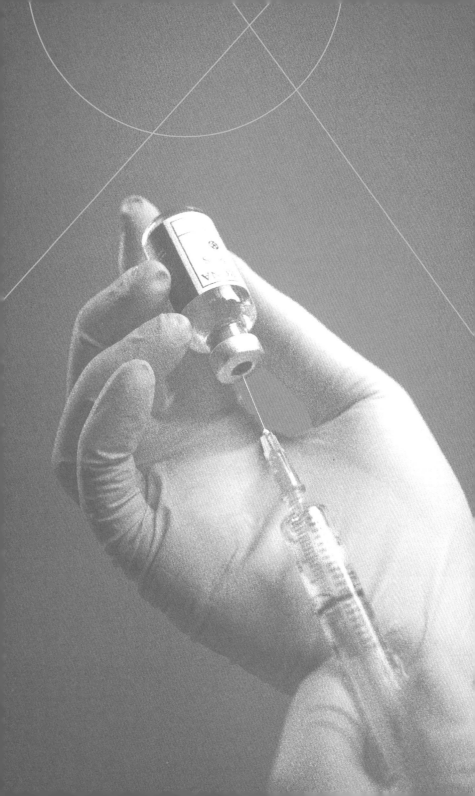

CHAPTER 3

코로나19, 바이러스 전성시대

신종 바이러스의 습격

코로나19가 바꿔놓은 세상

2019년 12월 중국 후베이성 우한시에서 원인을 알 수 없는 폐렴 증상 환자가 나타났다. 코로나바이러스감염증-19COVID-19로 명명된 이 전염병은 순식간에 전 세계로 퍼져 나갔고 결국 2020년 3월 11일 세계보건기구WHO는 코로나19에 대해 팬데믹을 선언했다. 코로나19 팬데믹이 시작된 지도 1년이 지났지만 아직도 코로나19의 기세는 여전하다. 지금까지 1억 5000만 명이 넘는 확진자가 발생했고 전 세계 사망자수는 300만 명을 넘어섰다(2021년 4월 말 기준).

코로나19는 건강뿐만 아니라 정치, 사회, 경제, 교육할 것 없이 모든 분야에 파고들어 우리의 평범한 일상을 완전히 바꾸어놓았다. 마스크를 사기 위해 약국 앞에 줄을 서는 진풍경이 벌

우리나라에서는 드라이브 스루에 이어 전국에 임시선별진료소를 열어 누구든 무료로 코로나 진단검사를 받을 수 있도록 했다. 확진자를 빨리 발견해서 전파경로를 추적하고 더 이상 확산되지 않게 격리하는 것이 감염재생산지수를 낮출 수 있는 최선이다. 감염재생산지수는 감염병이 확산되는 속도를 나타내는 것으로 1차 감염자가 추가로 발생시키는 2차 감염자 수를 가리키며 지수가 1 미만이면 유행 억제, 1 이상이면 유행 확산을 뜻한다.

어졌고, 사회적 거리두기가 일상화되면서 수많은 자영업자들이 비싼 임대료와 매출 감소의 고통을 고스란히 떠안아야 했다. 정부는 취약계층을 위해 재난지원금을 지급하고 소상공인과 기업을 지원하는 정책을 펼쳤으나 1년이 지나도록 코로나 상황이 가라앉지 않고 있어 경기 침체는 장기화될 전망이다.

특히 우리나라는 코로나19 확산 초기 5000명이 넘는 확진자가 발생하면서 확진자 수 세계 2위라는 오명을 쓰기도 했다. 하지만 서구 선진국들이 초기 대응에 실패하고 감염병 확산에 속수무책이었던 것에 반해, 한국 정부는 적극적으로 방역조치를 취하며 광범위하게 검사하고 전파경로를 추적해 확산세를 늦출 수 있었다(이 과정에서 개인정보와 사생활 침해 논란이 일어나기도 했다). 무엇보다 국민이 자발적으로 마스크를 착용하고 사회적 거리두기를 철저하게 지키면서 상황은 빠르게 안정되었고 코로나 발생 1년 만에 공황과 사재기, 봉쇄 없이 최저 수준의 치명률을 유지하는 모범 국가로 자리매김했다.

또한 K-마스크, 진단키트와 드라이브 스루 등 'K-방역'을 성공적으로 이끈 방역물품과 기술은 수출로 이어지면서 국가 브랜드 평가를 높였다. 경제협력개발기구^{OECD}는 2021년 한국의 경제성장률 전망치를 상향 조정하며, 효율적인 방역조치와 정책 대응이 코로나 충격을 최소화했고 백신 접종이 신속하게 이루어지면 코로나 위기 이전 수준으로 경제를 회복할 것이라고 평가했다. 코로나 사태 초기 한국 증시는 코스피 지수가 1400대까지 떨어지며 금융위기 이후 최악의 상황을 맞기도 했으나, 반년 만에 주가가 회복되고 2021년에는 사상 최고치인 3200대를 경신하는 호조를 보이기도 했다.

사회적 거리두기 실천으로 재택근무, 비대면 강의 등이 생활화되면서 줌과 같은 온라인 커뮤니케이션 플랫폼의 가치가 급상승했고 넷플릭스의 신규 구독자는 무려 3000만 명이나 늘

개인투자자들의 동학개미운동이 한국 증시 역사를 새로 썼다. 개인투
자자들은 과거 외환위기와 글로벌 금융위기를 겪으면서 위기를 극복
해내는 한국 경제의 회복력을 학습했다. 이들은 유례없는 코로나 팬데
믹을 겪으며 외국인 투자자와 기관이 빠져나간 자리를 채우며 한국 증
시의 버팀목 역할을 했다.

었다고 한다. 사람들의 소비 패턴이 변하면서 온라인 쇼핑, 배달 음식 등의 수요가 폭발적으로 증가했고 특히 쿠팡이나 마켓컬리와 같이 생필품과 식음료를 판매하는 온라인쇼핑몰의 매출이 급격히 올랐다. 음식점에서는 사람이 아닌 키오스크에서 비대면으로 주문하는 것이 일상화되었다.

코로나19로 인해 그동안 감춰졌던 사회의 어두운 민낯이 드러나기도 했다. 이태원 클럽에서 확진자가 발생하면서 성소수자들을 향한 혐오와 차별 문제가 수면 위로 드러났고 확진자에 대한 근거 없는 소문과 사생활 침해 문제, 가짜뉴스로 인한 혼란이 불거졌다.

대기업이나 공무원, IT업계 직장인들이 재택근무와 온라인 회의로 업무를 대체할 때, 재택근무가 불가한 현장 노동자들은 감염 위험에도 불구하고 바깥으로 나가야 했다. 그뿐만 아니라 대면 접촉이 제한된 외식업 종사자나 스포츠 센터, 학원, 방문 교사 등은 생계를 위해 원래의 직업을 포기하고 수요가 폭증한 택배나 배달업에 뛰어들기도 했다.

다양한 인종이 살아가는 미국의 경우, 아프리카계와 라틴계 미국인은 백인에 비해 중증환자의 비율이 높지만 의료 혜택은 적게 받고 있다. 재난이 닥칠 때 가장 큰 피해를 입는 것은 언제나 경제적, 인종적 약자였고 코로나19도 예외는 아니었다.

시간이 얼마나 걸릴지는 모르겠지만 결국 인류는 코로나19와의 전쟁에서 승리할 것이다. 벌써 세계 각국에서 백신 접종을 시작했고 발 빠른 기업은 코로나로 인해 변화된 소비 패턴을 분석하며 포스트 코로나를 준비하고 있다. 하지만 코로나가 종식된다고 해도 바이러스와의 전쟁은 끝나지 않는다. 150만 개 정도로 추정되는 야생동물 바이러스가 언제 다시 인간에게 파고들지 모른다. 코로나19와 같은 바이러스는 언제든지 나타날 수 있기 때문에 코로나19를 극복하는 일 못지않게 앞으로 이런 상황이 또 발생했을 경우를 대비해야 한다. 코로나로 인해 표면화된 사회적 문제를 외면하지 말고 하나하나 해결해 나아가야 한다. 그러기 위해 먼저 우리의 일상을 단기간에 전면적으로 뒤엎어놓은 코로나19의 정체가 무엇인지 알아보자.

팬데믹의 역사

팬데믹의 역사는 인간이 한곳에 정착해 농사를 짓기 시작하면서 시작되었다. 농사를 짓기 전 인간은 수렵 채집 생활을 하면서 계속 떠돌아다녔기 때문에 전염병이 대규모로 확산되기 어려웠다. 하지만 한곳에 머물면서 접촉이 잦아지자 서로에게 쉽게 전염병을 옮길 수 있는 환경이 마련되었다. 쓰레기와 배설물이 한곳에 쌓이기 시작하니 온갖 질병이 발생했고, 가축을 키우면서 가축에 기생하던 병원균이 인간에게 옮아오는 인수공통감염병이 발생하기 시작했다.

신종 인플루엔자 감염 경로

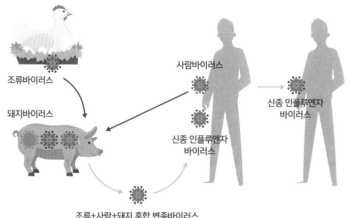

대표적인 인수공통감염병 신종 플루는 조류바이러스와 돼지바이러스, 사람바이러스가 중간 매개체인 돼지의 호흡기에서 돌연변이를 일으켜 만들어진 신종 인플루엔자바이러스가 되어 종간 장벽을 뛰어넘는다.

　원래 닭과 돼지, 사람은 종도 다르고 유전체 구성도 달라서 바이러스가 종간 장벽을 넘어 전염되기 어렵다. 자물쇠를 열려면 모양이 맞는 열쇠가 있어야 하듯 숙주(수용체)와 바이러스(스파이크단백질)의 아귀가 맞아야 한다. 그나마 유사한 오리와 닭 사이에도 바이러스 돌연변이가 일어나야 전파된다. 즉 오리에서 시작되어 닭에게 퍼진 바이러스는 이미 1차 돌연변이를 일으

컸다는 것, 문제는 이 조류바이러스가 돼지에게 넘어오면서부터다. 돼지의 호흡기에는 조류, 사람 등 종을 가리지 않고 온갖 바이러스가 들러붙을 수 있는 수용체가 있다. 여기서 조류바이러스와 돼지바이러스, 사람바이러스가 뒤섞이면서 유전체의 돌연변이가 일어나 만능열쇠와 같은 인수공통바이러스가 만들어진다. 이 바이러스가 돼지와 접촉이 잦은 사람에게 전파되고 다시 사람 간 전파가 일어난다. 신종 플루는 이렇게 만들어진 신종 인플루엔자바이러스로 발생한 인수공통감염병이다.

전염병을 일으키는 병원체는 크게 세 가지로 분류한다. 장티푸스, 콜레라, 탄저병과 같은 세균(박테리아)성 전염병과 인플루엔자, 에볼라, 코로나, 메르스, 광견병과 같은 바이러스성 전염병 그리고 말라리아나 발진티푸스와 같은 기생충(원생생물)으로 감염되는 전염병이다. 전염병은 유행의 정도에 따라 특정 지역에 한정되어 반복적으로 발생하는 국지성endemic 풍토병, 국가 단위로 비교적 넓은 범위에서 동시다발적으로 발생하는 유행성 epidemic 그리고 코로나19처럼 전 세계에서 범유행하는 단계를 팬데믹pandemic 으로 구분한다.

지금까지 팬데믹을 선언할 정도로 전염병이 범유행한 사례는 많지 않다. 보통 전염병의 경우 병에 걸린 환자가 사망에 이르는 치사율(치명률)이 높으면 전염성이 떨어진다. 적당히 아파서 감염자가 이곳저곳을 돌아다니며 병을 전파해야 전염성이 높기 때문이다. 증상이 뚜렷할수록 환자들이 빨리 진단을 받고 격리되기 때문에 팬데믹으로 확산되기는 어렵다. 통상적으로 전염성이 높은 세균이나 바이러스는 치사율이 낮은 경우가 대부분이다. 그럼에도 불구하고 인류 역사에는 치사율도 높으면서 전염성도 강한 최악의 전염병들이 나타나곤 했다.

역사상 가장 지독하게 인류를 괴롭혔던 전염병은 천연두였다. 천연두의 가장 오래된 물적 증거는 1157년에 사망한 이집트 파라오 람세스 5세의 미라다. 람세스 5세의 미라에서 농포성 발진이 발견된 것으로 보아 이 시기에 천연두를 일으키는 두창 바이러스가 성행했을 것으로 추정된다. 치사율이 30퍼센트에 달하는 천연두는 18세기 이전까지 매년 40만 명의 목숨을 앗아갔고 20세기까지도 수억 명의 목숨을 가져갔다. 천연두가 유행하던 시기에는 전염병에 대한 의학 수준이 낮았고 위생과 보건에 대한 개념도 형성되지 않았기 때문에 치사율과 상관없이 전염성이 높아서 팬데믹 수준의 막대한 피해를 낳았다.

1796년 에드워드 제너가 최초로 소의 고름에서 채취한 성분으로 바이러스에 대한 면역력을 생성하는 예방접종법을 개발하고 이를 백신이라고 이름 붙였다. 이후 19~20세기에 걸쳐 백신 접종이 이루어지면서 마침내 1979년 천연두는 박멸되었다.

천연두가 아주 오랜 시간에 걸쳐 꾸준히 인류를 괴롭혔다면 1918년에 발생한 스페인독감은 코로나19처럼 단기간에 급속도로 지구 전역에 퍼졌다. 인플루엔자바이러스A^{H1N1}로 전파되는 스페인독감은 초기에는 감기와 비슷하다가 갑자기 폐렴으

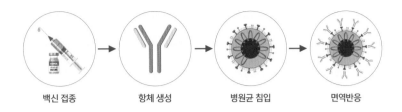

백신 접종　　　　항체 생성　　　　병원균 침입　　　　면역반응

예방접종의 기본 원리는 독성을 약화시키거나 죽은 병원체를
포함한 백신(항원)을 몸에 주입해 체내의 백신이 병원체와 동
일한 병원체와 싸울 수 있는 항체를 만들고, 병원균을 빠르게
공격하는 면역체계를 형성하는 것이다. 이후 또다시 병원체가
침입하면 백신으로 형성한 항체와 면역체계가 작동해 빨리 병
원체를 무력화시킨다.

로 발전해 빠르면 2~3일 만에도 사망하는 위험한 전염병이었다.
1차 세계대전이 끝날 무렵부터 확산되기 시작해서 2년 만에 전
세계 인구의 3분의 1을 감염시켰으며, 약 2000만 명에서 많게는
1억 명이 희생됐을 것으로 추정된다. 1차 세계대전의 사망자수
를 훨씬 웃도는 수치다.

　　1918년 일제강점기 한반도에서도 '무오년 독감'이 발생해
당시 인구 1700만 명 중 약 40퍼센트인 740만 명이 감염되었고
그중 약 14만 명이 사망한 기록이 남아 있다. 교사와 학생들 사
이에 유행이 심해 대부분의 학교와 관청이 문을 닫아야 했다.

　　전 세계를 공포에 몰아넣었던 천연두와 스페인독감은 전염
성이 높으면서도 치사율이 높아 팬데믹으로 분류된다. 스페인

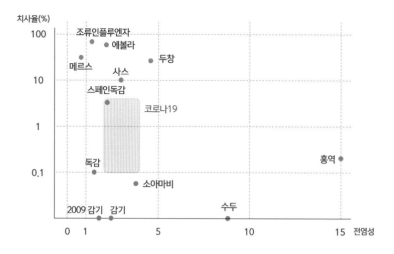

치사율(%)

감기나 계절성 독감은 전염성과 치사율이 높지 않아 팬데믹으로 발전하지 않는다. 반면 메르스나 에볼라의 경우 전염성에 비해 치사율이 너무 높아 사망자 수가 다른 전염병에 비해 월등히 낮다. 전염성이 강한 홍역은 메르스나 에볼라보다 훨씬 많은 감염자를 발생시키지만 치사율이 높지 않아 팬데믹으로 분류하지 않는다.

독감은 천연두보다 전염성과 치사율이 낮지만 바이러스가 퍼지기 좋은 환경이 만들어지자 불과 2년 만에 전 세계를 강타하는 팬데믹을 일으켰다.

코로나19의 치사율과 전염성은 스페인독감과 비슷한 수준이다. 이 경우 애초에 바이러스가 퍼지지 않도록 하는 것이 중요한데 초기 대응에 실패하면서 단기간에 팬데믹으로 발전했다.

코로나19도 약 3개월 만에 전 세계로 퍼지면서 팬데믹이 선언되었다. 증상으로는 발열, 마른기침, 피로감 등이 나타나고 폐렴, 급성호흡곤란증후군이 합병증으로 나타날 수도 있다. 젊은층에서 높은 치사율을 보였던 스페인독감과는 달리 코로나19의 치사율은 고령자 또는 심각한 기저질환이 있는 사람일수록 가파르게 증가한다.

가장 큰 문제는 무증상 감염자다. 2020년 일본 요코하마에 도착한 다이아몬드 프린세스호에서 내린 중국 승객이 코로나19 확진자로 밝혀지면서 다이아몬드 프린세스호의 승선자 모두가 선상에 격리되는 일이 벌어졌다. 총 3711명 가운데 약 20퍼센트인 712명이 감염되었고 13명이 사망했다. 일본 후지타 보건대 연구진의 연구 결과에 따르면 확진자 712명 중 58퍼센트인 418명은 테스트 당시 아무런 증상을 보이지 않았고, 무증상자 96명 중 80퍼센트에 달하는 84명은 완치가 될 때까지도 아무런 증상을 보이지 않았다. 이런 무증상 감염자는 자신이 바이러스 보균자임을 자각하지 못하기 때문에 정상적으로 사회 활동을 하며 수많은 2차 감염자를 발생시킬 수 있다. 2차 감염자 중에서도 일정 비율의 무증상 감염자가 생기고, 이런 식으로 반복되면 어느새 감염자 수는 기하급수적으로 늘어난다.

우리나라는 발 빠르게 진단키트를 준비했기 때문에 무증상 감염자를 신속하게 찾아낼 수 있었지만 이탈리아, 스페인, 미국 등 다른 여러 나라는 무증상 감염자는커녕 증상이 있는 감염자

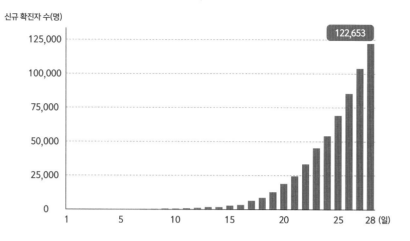

신규 확진자 수(명)

2020년 3월 한 달 동안 미국에서 코로나바이러스에 감염된 일일 신규 확진자 수가 급격히 증가했다. 3월 2일에 신규 확진자 수가 두 자릿수를 기록하더니 3월 4일에는 104명, 3월 6일에 222명, 3월 11일에는 1109명에 이어 3월 19일에는 1만 4137명을 기록하고, 28에는 하루 신규 확진자 수가 12만 명을 넘어섰다.

확진에도 애를 먹었다. 감염 환자들이 병원으로 밀려들면서 응급실은 물론 일반 병실까지 포화 상태에 이르렀고 의료진과 병상이 부족해 환자들이 그대로 방치되는 일이 벌어지기도 했다. 코로나19가 장기화되면서 확산세가 조금 잡히는가 싶더니 언제 그랬냐는 듯 겨울이 되자 재유행하기 시작했다.

코로나19는 스페인독감이 그랬던 것처럼 1차 유행보다 겨울 재유행 기간에 더 많은 확진자와 사망자가 나왔다. 코로나가 길어지면서 사람들의 경각심이 느슨해진 이유도 있겠지만 겨울의 건조한 환경은 코로나바이러스가 확산되기에 더 유리한 조건이다. 재채기나 기침을 했을 때 내뿜는 비말은 습할수록 크고 무거워지기 때문에 더 빨리 땅으로 떨어지고, 건조할수록 작고 가벼워져 공기 중에 더 오래 머문다. 따라서 습도가 낮아지는 겨울에 감염 가능성이 높아질 수밖에 없다.

특히 피해가 가장 심각한 미국은 코로나19 팬데믹 선언 이후 1년 만에 누적 확진자 3150만 명, 사망자 56만 명을 넘어섰다. 미국 인구는 세계 인구의 약 4퍼센트에 불과하지만 코로나19 확진자는 20퍼센트, 사망자는 15퍼센트를 차지 정도로 상황이 나빠졌다.

엎친 데 덮친 격으로 2020년 12월 28일 영국발 코로나19 변이 바이러스 감염자가 처음 등장한 이후 남아공, 브라질, 미국, 프랑스 등지에서도 잇따라 변이 바이러스가 출현하고 있다. 이미 영국발 변이 바이러스는 기존의 바이러스에 비해 전파력이 더 강한 것으로 확인되었고 미국과 유럽에서 빠르게 퍼지고 있다.

.

바이러스의 목적

사실 코로나바이러스와의 전쟁은 이번이 처음은 아니다. 코로나19를 감염시키는 병원체의 공식 명칭은 사스코로나바이러스-2$^{Sars-Cov-2}$다. 이름에서 알 수 있듯이 2002년에 발생했던 중증급성호흡기증후군, 일명 사스^{SARS}와 유사한 감염병이다. 2012년에 발생했던 치사율이 30퍼센트에 달하는 메르스도 코로나바이러스고, 겨울철 발생하는 감기의 10~30퍼센트도 코로나바이러스가 원인이다. 1930년 닭에서 처음 발견된 코로나바이러스는 변종만 약 100여 가지가 넘는 것으로 추정된다. 인간에게 옮을 수 있는 코로나바이러스는 7개로 그중 4개가 감기 바이러스고 나머지 3개는 사스, 메르스, 코로나19다.

바이러스는 완전한 세포 구조를 갖춘 것이 아니라 RNA나 DNA의 유전물질과 이를 감싸고 있는 단백질 껍질로 이루어져 있어 다른 생명체에 기생하지 않으면 살아남을 수 없다. 다른 생명체의 살아 있는 세포를 장악해서 증식하고 또 다른 생명체에게 옮겨가는 방식으로 생존하는 것이 바이러스의 유일한 목표다.

따라서 코로나바이러스 중 가장 성공한 것은 코로나19나 사스가 아닌 흔하디흔한 감기 바이러스다. 일단 증식하기 위해서는 숙주가 살아 있어야 하는데 코로나19나 사스처럼 치명률이 높은 바이러스는 자칫해서 숙주가 죽으면 자신도 숙주와 운명을 같이한다.

예를 들면 감기는 리노바이러스, 아데노바이러스, 코로나바이러스 등 100여 가지가 넘는 바이러스(병원체가 너무 다양해서 감기는 예방접종이 소용없다)가 인체 중 상기도(코, 기도, 기관지 등)에 침투해 감염을 일으킨다. 감기에 걸리면 기침, 콧물, 약간의

Science

$15
27 MARCH 2020
sciencemag.org
AAAS

COVID-19
How the coronavirus targets human cells p. 1444

2020년 코로나19 팬데믹이 선언된 후 국제학술지 《사이언스》에는 코로나19 바이러스가 인간 세포와 결합하려는 모습을 표지에 실었다. 바이러스 표면에 돌기 형태로 촘촘하게 달려 있는 것을 스파이크단백질이라고 한다. 스파이크단백질은 인간의 폐나 창자의 세포에 있는 수용체(ACE2)와 결합해서 바이러스의 유전물질을 세포 안으로 침투시킨다. 세포에 침투한 바이러스의 유전물질은 인간 세포 기관을 활용해 바이러스를 수없이 복제하고 마침내 세포를 죽이고 증식한 바이러스를 체내로 퍼뜨린다.

발열 증세가 나타나지만 1~2주면 저절로 호전되고 그 사이에도 일상생활이 가능하기 때문에 감기 환자들은 이곳저곳을 누비며 바이러스를 퍼뜨릴 수 있다.

감기와 증상이 비슷한 독감은 인플루엔자바이러스(A, B, C 세 가지 형으로 분류한다)가 호흡기에 침투해 감염을 일으키는 것으로 뚜렷한 발열 증상과 전신 피로 등의 증상이 나타난다. 독감 바이러스는 매년 유행할 인플루엔자의 유형을 특정해 예방접종을 할 수 있지만, 감기 바이러스보다 몸 바깥에서 생존하는 기간이 길어 전염성이 높다. 기저질환이 있는 사람에게 합병증을 유발하거나 사이토카인 폭풍을 일으키지 않는 한 숙주가 독감으로 사망하는 경우는 드물다. 사람들은 바이러스와 전쟁을 하려고 하는데 대부분의 바이러스는 숙주와 공존하기를 원한다.

박쥐는 이상적으로 바이러스와 공존한다. 박쥐의 몸에는 수백 가지의 바이러스가 침투해 있지만 별 문제없이 살아간다. 바이러스가 침투하면 고온에 취약한 바이러스를 몰아내기 위해 체온을 올리면서 전투태세를 갖추는 인간과 달리 박쥐는 바이러스가 몸에 침투해도 아무런 반응을 일으키지 않는 독특한 면역체계를 가지고 있다. 덕분에 바이러스는 얌전히 박쥐의 몸에 기생하다가 다른 숙주에게로 옮겨간다.

미국의 전염병 예방 시민단체 에코헬스얼라이언스는 박쥐로부터 인간에게 옮을 수 있는 바이러스를 연구해왔다. 전 세계에서 채취한 1만 5000개 이상의 박쥐 샘플에서 약 500종의 새로운 코로나바이러스를 규명하고 이미 인간에게 전파되었던 바이러스와의 유사성을 비교해 위험 정도를 분류했다.

이들이 발견한 박쥐 코로나바이러스 RaTG13은 코로나19의 병원체와 유전정보가 96퍼센트 일치했다. 그런데 이 단체는 RaTG13을 사람에게 별로 위험하지 않은 바이러스로 분류했다. 어째서 코로나19 바이러스와 거의 유사한 이 바이러스를 저위험군으로 분류했을까?

코로나19 바이러스의 스파이크단백질은 인간 세포의 ACE2 수용체에 결합해서 세포 안으로 침투한다. 그런데 RaTG13은 스파이크단백질의 모양이 달라서 인간 세포를 효율적으로 감염시킬 수 없다. ACE2 수용체가 열쇠 구멍이라면 RaTG13의 스파이

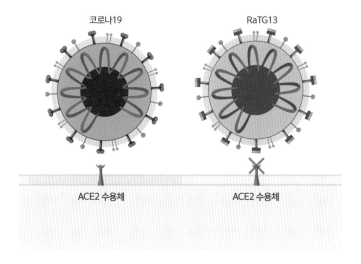

코로나19   RaTG13

ACE2 수용체   ACE2 수용체

바이러스가 세포를 감염시키기 위해서는 바이러스 표면에 있는 스파이크단백질과 숙주 세포 수용체의 아귀가 잘 맞아야 한다. 코로나19의 스파이크단백질은 인간 세포의 ACE2 수용체와 모양이 잘 맞아 세포 안으로 바이러스 유전물질을 침투시킬 수 있는데, RaTG13은 스파이크단백질의 모양이 달라 인간 세포의 수용체를 열 수 없다.

크단백질은 ACE2에 맞지 않는 열쇠인 셈이다. 코로나19 바이러스의 유전자 염기서열이 RaTG13과 가장 가까워도 인간 세포를 감염시키는 데에 핵심적인 역할을 하는 수용체 결합 부위가 다르기 때문에 저위험군으로 분류된 것이다. 문제는 이 박쥐 코로나바이러스에게 돌연변이가 일어났을 때 발생한다.

변이 바이러스는 왜?

감염병 연구자들은 사스와 메르스가 사향고양이와 낙타라는 중간 매개체를 거쳐 인간을 감염시킨 것처럼 코로나19도 박쥐 코로나바이러스가 중간 매개체에서 돌연변이를 일으켜 신종 바이러스가 된 것으로 추정한다. 코로나19 바이러스 돌연변이가 발생한 중간 매개체의 후보로 천산갑이 지목되었다. 몸통이 큰 비늘로 덮여 있는 천산갑은 멸종위기에 처해 있지만 중국에서는 약재와 보양식으로 인기가 높다. 미국과 중국의 몇몇 연구팀은 각각 천산갑에서 발견한 코로나바이러스가 코로나19 바이러스와 유전적 일치성은 약간 떨어지지만 바이러스 감염에서 결정적인 수용체 결합 부위가 인간과 유사하다는 점을 발견했

중국 정부는 천산갑이 코로나19의 중간 숙주로 지목되자 1급 보호야생동물로 지정하고 전통 약재 목록에서 제외했다. 정력제로 인기가 높아 멸종위기에 내몰렸던 천산갑은 설령 중간 숙주가 아니라고 밝혀지더라도 오명 덕분에 보호받게 되었다.

다. 이에 박쥐 코로나바이러스가 중간 매개체인 천산갑을 거치면서 유전적 변이가 일어나 인간을 감염시키는 신종 바이러스로 진화했다는 주장에 힘이 실리기도 했다. 반면 2021년 세계보건기구^{WHO}에서 중국에 파견한 코로나19 기원 조사팀은 천산갑보다는 토끼나 족제비오소리가 중간 숙주일 가능성이 높다는 의견을 내놓아 논란이 일기도 했다.

변이는 모든 생명체에게 일어나는 자연현상이다. 바이러스도 예외는 아니다. 특히 코로나19 바이러스와 같이 RNA를 유전체로 가지고 있는 바이러스에게 돌연변이는 지극히 자연스러운 현상이다. 대부분의 변이는 바이러스의 성질에 영향을 미치지 않거나 오히려 해롭게 작용하지만 우연히 생존에 유리한 방향으로 변이가 발생하면 자연선택에 의해 개체수가 급격하게 늘어난다.

바이러스의 변이가 인간에게 해롭기만 한 것은 아니다. 숙주가 살아야 바이러스도 살 수 있으니 독성이 낮아지는 것이 생존할 확률이 높다. 그래서 일반적으로 바이러스는 변이를 거치며 치사율이 낮아진다. 코로나19 감염 중증도는 주로 외피 단백질의 성격에 의해 결정되는데, 영국발 B117 변이체에서 발견된 Q27정지 돌연변이는 외피 단백질을 변형시켜 바이러스의 병독성을 낮추는 역할을 한다.

반대로 변이를 통해 인간 세포에 침투하는 능력을 더 효율적으로 발전시켜 전파력을 높이기도 한다. N501Y 돌연변이는 스파이크단백질이 인간 세포의 ACE2 수용체와 더 잘 결합할 수 있도록 도와준다. 결합력이 좋으니 더 적은 수로도 쉽게 감염이 될 수 있어 바이러스의 전파력이 늘어난다. 영국, 남아프리카공화국, 브라질발 변이 바이러스에서 모두 N501Y 돌연변이가 있는 것으로 확인됐고 기존의 코로나19 바이러스에 비해 약 70퍼센트가량 빨리 전파되는 것으로 밝혀졌다. 물론 이렇게 바이러스가 변이를 거듭하며 병독성이 떨어지고 전파력이 높아지는 것은 코로나19만의 특징은 아니다.

백신 접종이 본격화되면서 바이러스도 살아남기 위해 면역반응을 회피하는 방향으로 끊임없이 변화할 것이다. 남아프리카공화국이나 브라질발 바이러스에서 발견된 E484K 돌연변이는 스파이크단백질 모양을 변형시켜 중화항체의 기능을 떨어뜨리는 것으로 나타났다. 하지만 중화항체의 기능이 떨어져도 T세포와 같은 2선 방어체계가 있기 때문에 코로나19 바이러스 변이체가 백신을 무력화하기는 어렵다. 다만 앞으로도 끊임없이 변하는 바이러스를 정확히 추적해서 어렵게 쌓은 방어체계가 흔들리지 않도록 해야 한다.

코로나19와의 전쟁

우리 몸의 방어체계

2020년 3월 11일 세계보건기구는 코로나19 팬데 믹을 선언했다. 어느 날 갑자기 나타난 바이러스가 몇 개월 만에 인류 문명을 발칵 뒤집어놓았다. 정체도 모호하고 어디서 왔는 지도 알 수 없는 바이러스는 무서운 속도로 전파되었고 환자들 뿐만 아니라 의료진까지 속수무책으로 쓰러졌다. 인류는 기존 의 상식으로는 도무지 파악이 안 되고 대응하기도 어려운 상대 와 전면전을 치르게 되었다. 전 세계의 감염병 전문가와 바이러 스 연구자들은 자신들의 지식과 연구 역량을 결집해 전장의 최 전선에서 뛰었다.

다행히 우리에게는 바이러스의 정체를 밝힐 수 있는 축적 된 과학 지식과 이 전쟁을 종식시킬 백신과 치료제를 만들어낼 기술이 있었다. 전 세계 연구진은 네트워크를 통해 각자의 연구 결과를 공유하고 다양한 전략을 내놓으며 머리를 모았다. 그러던 중 코로나19 바이러스의 유전자 지도가 밝혀지면서 바이러스의 특성을 토대로 구체적인 치료 방법과 예방대책이 나왔고 마침내 백신 접종을 시작했다. 팬데믹을 선언하고 채 1년도 되기 전에 말이다.

바이러스를 물리치는 가장 좋은 방법은 면역이다. 우리 몸에 세균이나 바이러스가 침투하면 매우 복잡하고 체계적인 면역반응이 발동한다. 우리의 면역체계는 일단 외부의 침입자가 체내로 들어오면 상대가 누구인지 가리지 않고 즉각적으로 대응하는 선천 면역반응과 며칠 동안 적을 파악한 후 나중에 또 침입했을 때 더 빠르게 대항할 수 있도록 철저하게 대응하는 적응 면역반응 두 단계로 이루어져 있다.

선천 면역 중 가장 먼저 일어나는 반응은 바이러스에 감염된 세포가 인터페론(단백질)을 뿜어내며 주변 세포에게 바이러스에 대비하라고 경고하는 것이다. 빠르면 반나절 안에 인터페론 경고가 발동하고 나면 이번에는 직접 감염된 세포를 죽이는 자연살해세포(NK세포)가 출동한다.

이렇게 적이 누구든 상관없이 감염이 일어난 순간부터 며칠 동안 선천 면역반응이 작동하는 사이 수지상세포가 침입한 바이러스에 대한 정보를 적응 면역계에 전달한다. 감염된 세포를 먹어치우는 수지상세포가 식별할 수 있는 바이러스 조각을 림프구에 전달하면 바이러스에 특정된(특이성) 적응 면역이 활성화된다.

적응 면역반응은 식별한 바이러스에 대해서만 일어나는데 주로 활약하는 면역세포는 B세포와 T세포다. B세포는 특정 바이러스를 식별한 다음 활성화되어 항체를 생성한다. 이 항체들은 아직 세포에 침투하지 못한 바이러스와 결합해서, 제거하거나 세포 감염을 막는다. 바이러스의 세포 감염을 막는 항체를 중화항체라고 하는데 바이러스 표면에 달려 있는 스파이크단백질에 붙어서 세포 수용체와 결합하지 못하게 한다.

항체는 세포 안에 있는 바이러스까지 막지는 못하기 때문에 이미 감염된 세포들은 그대로 남아 있다. 이때 T세포가 출동해서 이미 바이러스에 감염된 세포들을 골라 죽인다. 적응 면역반응에서 활약했던 면역세포들은 한 번 싸워본 바이러스를 기억한다. 동일한 바이러스가 다시 침입하면 비활성화 상태였던 면역세포가 재빨리 깨어나서(처음에는 활성화되기까지 4~5일 정도 걸린다) 감염 초기에 바이러스를 제압한다.

특정 바이러스에 대한 항체나 T세포를 가진 사람들이 많아지면 바이러스는 확산 속도가 느려지다가 더 이상 퍼지지 않는다. 이런 상태를 집단면역이라고 하는데, 천연두가 박멸된 것도 집단면역 덕분이다. 2020년 스웨덴은 코로나19의 2차 재유행으로 사태가 걷잡을 수 없이 악화되자 강력한 봉쇄 대신 자연스럽게 감염되고 자연 치유되는 사람들을 늘리는 방식으로 집단

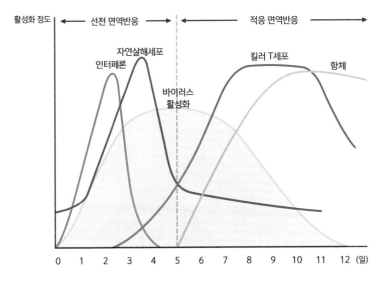

활성화 정도

← 선천 면역반응 → ← 적응 면역반응 →

인터페론
자연살해세포
바이러스 활성화
킬러 T세포
항체

0 1 2 3 4 5 6 7 8 9 10 11 12 (일)

선천 면역은 바이러스에 감염되고 최소 12시간에서 하루 사이에 인터페론을 뿜어낸다. 선천 면역반응이 1~4일 정도 바이러스와 싸우면 약 4~5일 후 적응 면역이 본격적으로 활성화된다.

면역 형성을 추진했으나 고위험군의 사망자가 급증하면서 이를 철회했다.

집단면역은 감염재생산지수가 높고 전파 기간이 길며 치사율이 높은 경우 고위험군을 확실히 격리하고 치료제와 병상을 확보한 다음 백신 접종을 통해서 형성해야 한다. 집단면역은 인구의 55~80퍼센트에게 면역이 생겨야 성공할 수 있다.

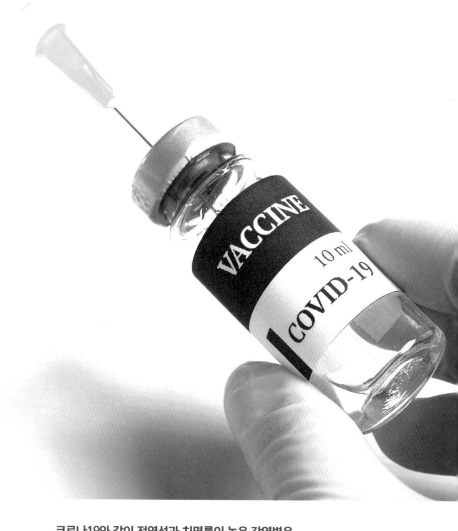

코로나19와 같이 전염성과 치명률이 높은 감염병은
백신으로 집단면역을 형성해야 한다.

최종병기 백신

　　백신은 싸워본 바이러스를 기억하는 적응 면역 체계를 이용한다. 전통적인 백신은 감염병을 일으키는 세균이나 바이러스의 독성을 약화시키거나(생백신) 아예 죽여서(사백신) 인체에 주입한다. 약한 병원체를 몸에 넣어 면역체계를 활성화시켜 미리 면역세포를 훈련하고 바이러스를 기억하게 만드는 것이다. 백신 개발이 간단한 편이라 수십 년간 널리 사용되며 안정성과 효능을 충분히 검증한 1세대 백신이다(소아마비, 홍역, 수두, 독감 백신이 속한다). 단, 백신을 만들려면 그만큼 많은 양의 바이러스를 배양해야 하는데 시간도 오래 걸리지만 배양 과정에서 감염이 발생할 수 있어 주의해야 한다. 중국의 시노백, 시노팜 등의 백신이 바로 코로나19 바이러스를 죽여서 인체에 주입하는 불활성화 백신이다.

　　바이러스의 빈껍데기만 넣어 면역반응을 이끌어내는 방법도 있다. 코로나19의 스파이크단백질은 면역반응을 일으키는 항원이다. 그래서 유전자 편집기술로 유전물질이 없는 스파이크단백질 조각을 재조합해서 인체에 주입하면 우리 몸의 면역체계가 이를 바이러스로 인식해 면역력을 갖춘다. 노바백스가 개발한 백신이 바로 스파이크단백질 조각을 재조합한 백신이다. 항원 재조합 백신은 특정 항원에서만 면역반응이 일어나 부작용을 최소화할 수 있지만 단백질만으로는 면역반응이 낮아서 면역

증강제와 섞어서 투여해야 한다(B형간염, 자궁경부암 백신이 있다).

또 다른 방식으로 인체에 무해한 바이러스(운반체)에 병원체의 껍데기를 만드는 유전자만 삽입해서 제조하는 바이러스 벡터 백신이 있다. 유럽의 아스트라제네카는 침팬지에게만 감기를 유발하는 아데노바이러스를 운반체로 사용해 코로나19 벡터 백신을 개발했다. 코로나19 스파이크단백질 유전자를 운반체에 삽입해서 체내로 주입시키면 세포 안에서 스파이크단백질이 발현되고 침입자를 발견한 B세포가 항체를 생성하고 T세포는 코로나19 바이러스에 대비해 미리 훈련하고 기억해둔다. 살아 있는 바이러스를 활용하기 때문에 세포에 침입하기 전에 아데노바이러스에 대한 면역반응이 일어나 유전자를 전달하지 못하면 효능이 떨어질 수 있으며 유통할 때도 생백신에 준하는 콜드체인이 필요하다. 러시아의 가말레야연구소와 미국의 얀센(존슨앤드존슨)도 바이러스 벡터 백신을 내놓았다(에볼라 백신이 여기에 속한다).

화이자와 모더나가 개발한 코로나19 백신은 mRNA를 이용하는 완전히 새로운 백신이다. 바이러스 벡터 백신처럼 코로나19의 스파이크단백질을 우리 몸 속 세포에서 만들어 면역반응을 활성화시키는 원리다. 이때 바이러스를 운반체로 사용하지 않고 지질 주머니에 스파이크단백질을 만들 수 있는 mRNA를 담아 체내에 주입한다. 바이러스가 들어 있지 않기 때문에 상대적으로 안전하고 단백질을 직접 배양하는 절차를 생략(바이러스 벡터 백신도 마찬가지다)할 수 있어 훨씬 더 생산하기 쉽다.

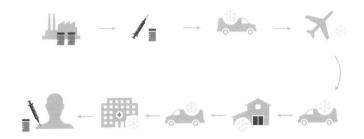

백신을 생산지에서 소비지까지 운송하는 과정에서 백신의 특성에 맞게 적정 온도로 저온 보관해야 하는데 이를 콜드체인이라고 한다. 화이자와 모더나의 백신은 영하 70~20도의 초저온을 유지해야 하고, 아스트라제네카나 얀센 백신은 4도 이하에서 유통해야 품질과 신선도를 유지할 수 있다.

　이렇게 좋은 방법을 두고 지금까지 바이러스를 운반체로 활용한 이유는 mRNA 자체가 워낙 불안정하고 체내에서 빨리 분해되기 때문이다. 더군다나 바이러스의 유전정보를 가진 RNA가 들어오면 면역반응이 일어날 수도 있다. 이 문제를 해결하기 위해 세포막과 동일한 지질성분으로 mRNA를 감싸는 주머니를 만들면서 백신 개발에 성공했다. 바이러스에 변이가 생겨도 유전정보를 바꿔주기만 하면 백신으로 사용할 수 있어 유용성과 효과가 뛰어나지만 유통하기 위해서는 초저온의 콜드체인이 필요하다.

　mRNA 백신과 유사한 방식으로 바이러스의 항원의 유전물

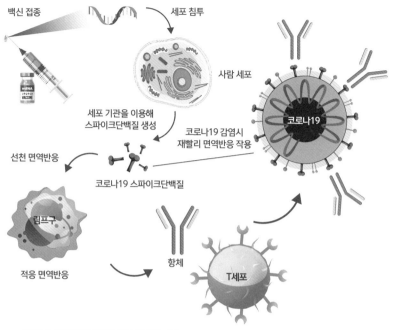

mRNA 백신을 접종하면 세포 내에서 스파이크단백질이 생성되고 이를 이용해 면역반응을 활성화시켜서 코로나19 바이러스가 침입하기 전에 미리 항체를 만들고 T세포를 훈련할 수 있다.

질을 직접 근육세포에 주입하는 DNA 백신도 개발되고 있는데, 특히 상온에서도 보관할 수 있어 콜드체인을 확보하기 어려운 저개발국에도 코로나19 백신이 공급될 것으로 기대된다.

코로나19 이전에는 백신이 승인되기까지 빨라도 5년이 걸렸다. 백신의 효능도 중요하지만 안정성 검증이 더 중요하기 때문이다. 백신은 건강한 사람에게 병원체를 투여하는 것이라서 극도의 안전 규제를 적용한다. 백신 개발은 후보물질을 발굴해서 동물 실험 등 비임상 테스트를 하는 탐구 과정을 거쳐 1상, 2상, 3상의 임상 시험을 거치며 안전성을 검토한 후 엄격한 승인 심사를 거쳐 대량생산해 배포한다. 단계마다 까다로운 규정을 준수해야 하기 때문에 짧게는 5년에서 길면 10년이 걸리는 것이 일반적이다.

그런데 코로나19 백신은 불과 채 1년도 되기 전에 긴급 사용승인을 받으며 접종이 시작되었다. 이례적으로 짧은 시간에 백신이 개발되어 부작용에 대한 불안감을 호소하는 사람들이 많고, 일각에서 변이 바이러스가 발견되어 과연 백신을 맞는 것이 효과가 있을지에 대한 의문도 제기되었다. 이에 감염병 전문가들은 최대한 빠른 시간 내에 백신을 접종해서 집단면역을 형성하는 것만이 팬데믹을 종식시킬 수 있는 최선이라고 입을 모은다.

바이러스 면역학자 신의철은 백신 접종으로 형성된 중화항체가 지속 기간이 짧고 항원의 변이에 취약하다는 우려에 대해서 백신 접종은 중화항체만 생성하는 것이 아니라 감염된 세포를 죽이는 T세포도 활성화한다는 것을 강조한다. T세포는 항체와 달리 바이러스가 변이를 일으켜도 잘 잡아내기 때문에 중화항체가 무력화되어 세포 감염을 막을 수 없어도 T세포의 2선 방어로 인해 중증 감염으로 이행하는 것을 막을 수 있다는 말이다.

백신 승인 소식이 전해지자 미국, 영국 등 백신 개발에 주도적이었던 나라에서 먼저 접종이 시작되었다. 3상의 안전성 테스트를 훌쩍 뛰어넘는 수의 사람들이 백신을 접종하고 있어 불안이 가시지 않았음에도 빨리 접종을 하고 싶은 사람들이 많아졌다. 그러다 보니 자국민을 보호하기 위해 충분히 백신을 확보하려는 선진국들에게 백신이 독점되는 일이 벌어지기도 한다. 부유한 나라들이 백신을 먼저 맞는 것은 이해한다손 쳐도 자국민이 다 맞은 다음 저개발국에 백신을 나눠주겠다는 식의 발상은 어리석다. 팬데믹을 일으킨 코로나19 바이러스는 전 세계에서 동시에 집단면역을 하지 않으면 피난처에서 몸집을 부풀려 언제든 다시 나타날 수 있다.

노스이스턴대학의 연구에 따르면 30억 명분의 백신이 인구수에 따라 균등 분배되면 선진국에 백신이 몰렸을 때보다 전 세계적으로 2배 이상의 목숨을 살릴 수 있다. 반대로 선진국들이 백신을 독점할 경우 서유럽에서는 19퍼센트, 북미에서는 14퍼센트 정도 더 많은 사람을 살릴 수 있지만 서아프리카에서는 80퍼센트, 동남아시아에서는 57퍼센트 더 많은 사람이 목숨을 잃는다. 부유한 나라에서 태어난 사람 1명을 살리기 위해 저개발 국가 국민 3~4명을 희생시키는 꼴이며, 결과적으로 코로나19 범유행 기간을 더 늘리는 셈이다.

이런 문제를 해결하기 위해 세계보건기구와 세계백신면역연합GAVI, 감염병혁신연합CEPI이 중심이 되어 백신의 공동 구매와 배분을 위해 국제 협력 프로젝트 코백스^{COVAX}를 설립했다. 코백스는 코로나19 백신을 주도적으로 확보하기 어려운 저개발 국가에게도 공평하게 백신을 보급해서 2021년 말까지 전 세계 인구의 20퍼센트가 접종할 수 있도록 하는 것이 목표다. 코백스는 우선 각국 인구 최소 3퍼센트에서 20퍼센트에 해당하는 백신 분량을 모든 국가에게 균등하게 배분하고 나머지는 확보되는 물량에 따라 추가로 배분할 예정이다.

백신을 균등하게 분배하지 않아 팬데믹이 길어질 경우 세계 경제 손실이 12조 달러에 이를 것이라는 전망이 나왔다. 부유한 국가들이 백신을 독점하면서 단기적인 효과를 볼 수 있을지도 모르지만, 코로나19가 완전히 종식되지 않는 이상 다른 나라에서 유입되는 감염자들로 인한 재감염과 재유행이 반복될 수 있다. 무엇보다 국가 간의 교류가 원상 복구되지 않으면 경제적 손실은 더 커질 것이다. 국가 간의 경쟁이 아니라 인간 대 바이러스의 경쟁이 되어야 우리는 더 효과적으로 코로나19와의 전쟁을 끝낼 수 있다.

우리는 코로나19 팬데믹이 종식된 후에도 코로나19 바이러스와 더불어 살아가게 될 것이다. 미국 보스턴메디컬센터와 보스턴의대 연구진은 최근 5년 동안 감기나 폐렴을 유발하는 다른 호흡기 병원균(코로나바이러스 계열)에 감염된 적이 있는 환자들이 코로나19에 감염되었을 때 중증도가 낮아진다는 연구 결과를 발표했다. 독일에서도 코로나19에 걸린 적이 없는 사람에게서 코로나19 바이러스에 반응하는 T세포가 검출된 것에 대해 유사한 바이러스를 통해 교차반응으로 면역세포가 생성되었다고 추정했다. 싱가포르에서는 17년 전 사스에 감염된 사람들의 몸에 여전히 사스코로나바이러스에 대한 T세포가 남아 있다는 연구가 나오기도 했다. 사람들이 코로나19에 감염되거나 백신을 접종하고 면역반응을 경험하면 우리 몸의 면역체계는 자원을 아끼기 위해 항체는 없애지만 바이러스를 기억하는 T세포를 남겨둔다.

1918년 전 세계를 공포에 몰아넣었던 인플루엔자바이러스 역시 100년 동안 백신을 피해 끊임없이 변해왔다. 우리가 매년 독감 주사를 맞는 이유다. 인플루엔자바이러스처럼 코로나19 바이러스도 감염이 더 유리하거나 면역반응을 회피할 수 있는 방법으로 진화해서 살아남을 것이며 독감 예방접종을 하듯이 앞으로 매년 코로나19 예방접종을 하게 될 가능성이 높다. 코로나와 더불어 살아가는 위드 코로나 시대가 될 것이다.

마스크, 손씻기, 사회적 거리두기

코로나19 백신이 나오기 전까지 이 신종 바이러스에 대한 방어 전략은 물리적으로 바이러스 감염을 막는 것이었다. 백신과 치료제가 없던 초기에는 신속하게 진단검사

를 해서 감염자를 격리하
고 접촉자를 추적하는 역
학조사가 확산을 막는 최
선의 대응책이다. 영국의
한 연구팀은 팬데믹 상황
에서 확산을 줄이기 위해
서는 감염자와 접촉한 사
람을 80퍼센트까지 추적
해야 효과적이라는 결과
를 내놓기도 했다.《네이
처》는 국가별 팬데믹 상황
을 비교했을 때 초기에 강
력한 봉쇄로 확산을 억제
하고 점차 이동제한을 완

권고로 시작했던 마스크 착용이
이제는 의무가 되었다.

화하되 마스크 쓰기, 손씻기, 사회적 거리두기가 일상적으로 유
지되고 있는 나라는 감염자의 급증을 막을 수 있다는 분석을 내
놓았다.[10]

코로나19는 다른 호흡기 감염병과 마찬가지로 비말을 통해
전파된다. 기침을 하거나 말을 하면, 심지어는 숨을 쉬는 동안에
도 5~6마이크로미터 크기의 작은 비말이 배출된다. 감염 환자가
기침을 하면 약 3000개에 달하는 비말이 2미터까지 퍼져 나간
다. 감염 정도에 따라 다르겠지만 비말 한 방울에 약 10~100개의

바이러스가 들어 있으니 최소 3만 개에서 30만 개의 바이러스가 주변에 살포되는 것이다. 홍역이나 수두처럼 공기 매개로 감염이 되는 것은 아니지만 밀폐된 공간에서는 공기 순환이 되지 않아 바이러스의 농도가 농축되고 노출 시간이 길어지기 때문에 감염 확률이 높아진다. 단, 비말의 사정거리가 길지 않기 때문에 사람 간 거리가 1미터 이내에서 2미터로 두 걸음만 떨어져도 감염 가능성이 12.8퍼센트에서 2.6퍼센트로 뚝 떨어진다.

비말 감염을 막기 위해서는 1차적으로 개인이 마스크를 착용해야 한다. 캐나다 맥매스터대학교 연구진은 마스크를 쓰지 않았을 때 17.4퍼센트였던 감염 확률이 마스크를 쓰면 3.1퍼센트로 떨어지며, 고글이나 얼굴 가리개 등 눈 보호 장비도 16퍼센트에서 5.5퍼센트로 낮아진다는 분석을 발표했다.[11]

KF80이나 KF94와 같은 보건용 마스크나 N95와 같은 의료용 마스크를 착용하면 가장 안전하겠지만, 아이들이나 호흡기가 약한 사람들은 상대적으로 숨쉬기 편한 비말 차단 마스크나 덴탈 마스크를 착용해도 75퍼센트 정도의 비말을 차단할 수 있다. 실내에서 마스크를 벗는 경우가 많은데 오히려 밀폐된 공간이 감염 가능성이 높으므로 여러 사람이 같이 있을 때에는 반드시 마스크를 착용하고 자주 환기를 시켜 공기를 순환해야 한다.

코로나19 바이러스는 워낙 전염성이 강해서 생존기간에 대한 논란이 끊이지 않았다. 초기에 공개된 논문에서는 에어로

졸 상태로 3시간, 구리 표면에서 4시간, 종이상자에서 24시간, 플라스틱이나 스테인리스에서 2~3일 존재하는 것으로 보고되었다.

이후 지폐나 유리에서 2~3일, 플라스틱이나 스테인리스 표면에서는 최대 6일을 생존한다는 연구 결과도 나왔고, 호주의 한 연구팀은 20도의 온도에서 최대 28일간 생존했다는 연구를 발표하기도 했다. 변수가 많기 때문에 보편적인 결론을 내리기는 어렵지만 핵심은 사람들이 접촉하는 부위에 바이러스가 생

가장 쉽고 효과적으로 바이러스를 제거하는 방법은 흐르는 물에 비누로 30초 이상 손씻기다.

존해 있다는 점이다. 특히 손이 닿는 부위에서 꽤 오랫동안 생존할 수 있기 때문에 마스크를 착용해도 쓰고 벗는 사이 손에 묻은 바이러스가 눈, 코, 입의 점막 세포에 침투할 수 있다. 따라서 사람들이 많이 오가는 공간에서는 자주 손을 소독해야 한다.

한 가지 다행스러운 것은 손 씻기가 감염병 예방에 매우 유용하다는 점이다. 코로나19 바이러스의 외피는 지질 성분으로 되어 있어서 비누나 손세정제, 손소독제에 매우 취약하다. 비누에 들어 있는 계면활성제와 손소독제의 에탄올 성분이 바이러스의 외피를 녹여 파괴하기 때문이다. 올바른 손 씻기는 바이러스뿐만 아니라 세균 감염도 확실히 줄여준다.

바이러스의 전파속도를 늦출 수 있는 가장 좋은 방법은 사회적 거리두기다. 코로나19로 인한 사회적 거리두기는 학교나 공공시설 폐쇄, 집합 금지, 실내에서 1~2미터 간격 유지하기, 마스크 착용 등의 방역조치가 포함된다.

코로나19로 마스크를 착용하고 손을 깨끗이 씻는 등 생활방역을 철저히 하고 사회적 거리두기를 실천하다 보니 코로나19와 같은 호흡기 감염 외에도 식중독, 중이염, 결막염을 비롯해 주요 법정 감염병까지 예방하는 효과가 나타났다.

단체생활을 하는 어린아이들이 주로 걸리는 수두나 유행성이하선염은 현격히 감소했으며, 특히 홍역은 무려 97퍼센트나 감소했다. 백일해, 성홍열 등도 마찬가지로 크게 감소했다. 급성호흡기감염증 입원환자 수도 2019년에 비해 4배 정도 감소했고, 흔한 감기로 진료를 받은 환자도 절반이나 줄어들었다. 철마다 유행하던 독감은 97퍼센트 정도 감소하면서 아예 자취를 감춰버렸다.

사회적 거리두기는 700년 전 유럽에 흑사병이 퍼지면서 처음 등장했다. 흑사병에 대비하기 위해 감염자를 격리하고 집회와 행사를 금지하는 등의 방역조치가 내려졌지만 위생 개념이

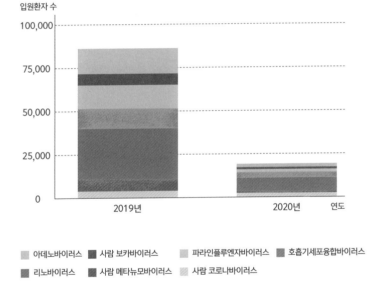

질병관리청에서 발표한 자료에 따르면 2019년과 2020년
바이러스로 인한 호흡기감염증이 1년 사이
뚜렷하게 감소했음을 알 수 있다.

없던 시절이라 제대로 지켜지지 않았다. 도시법의 지배에서 벗어난 종교단체는 흑사병의 원인을 신의 분노로 여겨 대규모 종교행사를 감행했고 특권계층은 필요에 따라 많은 사람들을 초대해 의식을 치렀다. 사회적 거리두기로 인해 생업 활동에 큰 불편을 겪던 시민들은 특권계층과 종교단체의 행태에 반발해 규정을 따르지 않았다.

지금도 방역당국의 사회적 거리두기 조치를 어기거나 방역수칙을 지키지 않아 교회나 클럽, 요양병원, 물류센터, 콜센터, 기숙사 등 다중이용시설과 사적 모임 등에서 크고 작은 집단감염이 잇따라 확산세를 낮추는 데 어려움을 겪고 있다.

코로나19 팬데믹이 장기화되면서 감염에 대한 불안과 사회적 거리두기를 하면서 겪는 일상의 갑작스러운 변화로 인해 우울감이나 무기력에 시달리는 사람들이 늘고 있다. 직장을 잃거나 가족을 잃은 사람, 혐오와 차별을 당하거나 사회적 고립감을 느끼는 사람, 경제적 어려움으로 절망에 빠진 사람들까지 팬데믹으로 인한 스트레스는 트라우마를 남긴다.

백신 접종이 순조롭게 진행되어 코로나19 팬데믹의 종식을 선언하면 예전의 평범한 날들로 돌아갈 수 있을까? 코로나19 바이러스는 단지 우리의 일상을 바꾸기만 한 것이 아니다. 뉴노멀 New Normal, 시대를 바꿔버렸다.

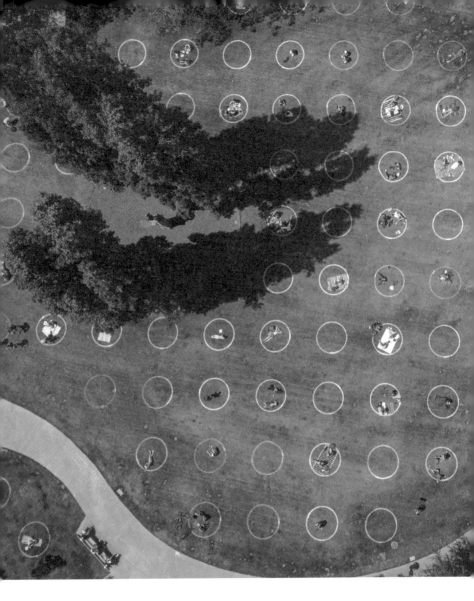

생활 속 거리두기가
새로운 일상이 되고 있다.

우리 사회를 돌보는 영웅들

2020년 3월, 스페인 한 요양원에서 20여 명의 노인들이 바닥과 침대에서 숨진 채 발견되었다. 코로나19 확진자가 나오면서 겁에 질린 의사와 직원들이 병원을 버리고 도망쳐버렸고, 간병인의 도움 없이는 일상생활이 불가능한 노인들이 5일 동안 방치된 채 죽음을 맞이할 수밖에 없었던 끔찍한 상황이 일어난 것이다. 문제는 여기서 그치지 않았다. 스페인 보건당국이 살피지 못한 요양시설에서 일주일 사이 100명이 넘는 사망자가 발생했다. 코로나19에 감염되어 사망한 시신이 늘어나자 마드리드 정부는 쇼핑센터에 있는 아이스링크를 임시 영안실로 사용하기도 했다.

바이러스는 의식이 있는 것도 아닌데 사회의 가장 취약한 계층인 노인, 장애인, 저소득층에게 먼저 파고드는 전략을 택한다. 스페인뿐만 아니라 코로나19가 확산되면서 전 세계적으로 요양시설이 가장 먼저 타격을 받았다. 스페인, 아일랜드, 이탈리아, 프랑스에서 발생한 사망자 중 대부분이 요양시설에서 발생했다. 한국에서도 코로나19 3차 재유행이 시작되면서 요양시설에서 숨진 사망자 수가 전체 사망자의 3분의 1에 달한다. 대부분 면역이 약한 고령층이나 기저질환을 가진 환자들이라 감염에 취약하고 치명률도 매우 높다.

코로나19 감염 확률을 분석한 연구 결과에 따르면 소득이 적어 보험료를 적게 낼수록 감염, 사망 확률이 높게 나타났다. 열악한 환경에서 근무해야 하는 저소득층은 바이러스 감염 확률이 높을뿐더러 면역력이 낮고 만성질환을 앓는 비율이 높아 감염될 경우 중증으로 발전해 사망할 가능성도 더 높다. 코로나19 이전에도 이미 장애인, 노인, 저소득층과 같은 사회적 약자에 대한 문제는 존재했다. 다만 코로나19로 인해 그 문제가 더 적나라하게 수면 위로 떠올랐고, 전염병이라는 무자비한 상대에게 공격당하면서 사회적 약자를 외면하는 것이 곧 나의 안전과도 직결된다는 것을 실감하는 계기가 되었다.

코로나19로 택배 물량이 급증하면서 배달 노동자들의 업무량과 노동시간은 전염병보다 과로사를 더 걱정할 정도로 늘어났다. 실제로 2020년에만 16명의 노동자가 연이어 과로사로 사망하자, 사회 각계에서는 택배노동자에 대한 처우 개선의 목소리가 높아졌다. 이에 노동시간을 주 최대 60시간, 일 최대 12시간 이내로 제한하며 9시 이후 심야 배송을 제한하며 분류 작업의 비용과 책임을 택배사가 책임지도록 하는 법안이 통과되었다.

이와 같은 변화는 택배노동자에게 국한되지 않고 국민의 생명을 지키고 사회안전을 유지하는 직종에 종사하는 필수노동자의 처우 문제로 확대되었다. 우리는 생필품과 음식을 파는 가게, 의료진, 택배기사, 환경미화원, 보육과 간병을 맡아주는 사람들이 없으면 당장 생활을 유지하기 어렵다.

같은 무게의 상자를 들 때 손잡이 유무에 따라 허리에 가해지는 부담이 달라진다. 5킬로그램 이상의 상자를 들 때 손잡이가 있으면 하중의 10퍼센트 이상을 줄일 수 있고, 자세까지 개선하면 최대 40퍼센트까지 허리 부담을 줄일 수 있다. 비용 문제로 미뤄왔던 정부와 기업들은 코로나19로 택배노동자들의 처우를 개선해야 한다는 요구가 높아지자 손잡이 설치를 합의하고 드디어 포장상자에 손잡이 구멍이 뚫리기 시작했다.

한 사회가 정상적으로 돌아가기 위해 반드시 필요한 일을 하는 사람들을 필수노동자라고 한다. 경찰, 소방, 보건의료를 비롯해 보육, 돌봄, 교통, 물류, 배달, 환경미화 업종에 종사하는 필수노동자들은 코로나19가 심각해져도 대면접촉 업무를 피할 수 없으며 오히려 업무 강도가 높아진다. 그동안 필수노동자 대부분은 열악한 노동환경과 저임금, 과로, 불안정한 고용에 시달리면서도 이들의 사회적 기여와 소중함을 제대로 인정받지 못했다.

케임브리지대학 경제학부 교수 장하준은 코로나19로 모두의 기본 생활과 기초 건강을 보호하지 않으면 누구도 안전하지 않다는 것을 깨달았으며, 우리나라는 경제 발전 수준에 비해 복지가 빈약하고 노동권이 약해 개혁이 시급하다고 말한다. 그는

고맙습니다

코로나19 팬데믹 상황에도 우리 사회를
지탱해준 진정한 영웅들. #고맙습니다 #필수노동자_여러분

앞으로 경제 지상주의를 탈피해 모두를 보살피는 사회를 만들
어야 하며 가사와 육아의 노동 가치를 인정하고 필수노동자들
의 처우를 개선해야 한다고 주장한다. 그러기 위해서는 유급 육
아휴직의 연장, 가사노동 수당 신설 등의 복지제도와 고용불안
을 해소하기 위한 노동시장의 규제를 강화할 필요가 있다고 강
조했다.

　　미국과 유럽, 캐나다에서는 이미 필수노동자를 지정하고
임금이나 보험료를 지원하는 법안을 마련하고 있다. 이와 같은
시대 변화에 발맞춰 더디지만 우리나라도 변화를 꾀하고 있다.
특히 필수노동자를 비롯해 특수고용노동자, 플랫폼노동 종사자들이 사회보험을 적용받을 수 있도록 확대하고 불공정조항을 개선한 표준계약서를 마련하는 등 대책을 내놓고 있다. 이러한 정책이 지속적으로 자리 잡아 우리 사회를 유지하는 필수적이고 핵심적인 사람들이 안전한 환경에서 보람을 갖고 일할 수 있게 하려면 국민의 지속적인 연대와 지지가 필요하다.[12]

뉴노멀의 시대

코로나19 팬데믹 이후 사회적 거리두기가 일상이 되면서 먹고사는 것에서부터 교육, 직장생활, 의료 등 거의 모든 분야가 비대면 방식으로 바뀌면서 일명 '언택트untact'가 새로운 패러다임이 되었다. 언택트는 온라인 쇼핑과 배달음식, 원격학습과 재택근무 협업툴, 모바일 금융, 원격의료 플랫폼, OTT 서비스 등 다양한 분야에서 통신 네트워크를 활용하는 기술을 토대로 확산되고 있다.

대표적으로 오프라인 유통업체들의 매출이 전년 대비 3.6퍼센트 감소한 반면, 온라인 매출은 18.4퍼센트 증가했다. 또한 정부기관을 비롯해 마트나 음식점에서 키오스크 사용이 일반화되었고, 원격수업을 하는 학생들이나 재택근무를 하는 직장인들이 실시간 화상 수업이나 회의를 진행하는 솔루션 프로그램 줌ZOOM과 MS 팀즈가 널리 활용되고 있다.

The New Normal
Chapter One

기존의 경제 질서가 붕괴하면서 새로운 표준이 나타나는 것을 뉴노멀이라고 한다. 2020년 코로나19로 인해 경제적 혼란과 정치적 사회적으로 큰 변동성이 발생했고, 그것은 미중 패권전쟁에서 어린아이들의 일상까지 거의 모든 것을 바꿔놓았다.

그동안 4차 산업혁명을 이끌 혁신기술인 인공지능, 자율주행, 사물인터넷 등을 구현하기 위해 디지털 전환을 이루어야 한다는 요구가 많았으나 일상에서 이러한 변화의 필요성을 체감하기는 어려웠다. 그러나 코로나19로 언택트가 일상화되면서 당연했던 일상을 유지하기 위해서 디지털 네트워크를 고도화하고 디지털기술 기반의 혁신적인 서비스를 이용해야 하는 니즈가 폭발적으로 늘어나면서 단 몇 개월 만에 세상이 바뀌었다. 마이크로소프트의 최고경영자 사티아 나델라는 "2년이 걸릴 디지털 전환이(코로나19 팬데믹 선언 이후) 단 2개월 만에 이루어졌다"고 말했다.

글로벌 컨설팅회사 알릭스파트너스는 코로나19가 초래한 변화를 분석했다. 여기서 주목한 것은 탈세계화의 가속화, 불확실성에 대응하는 회복탄력성, 디지털 전환의 촉진, 소득 수준과 건강 관심도에 따른 소비의 변화, 투명한 소통과 신뢰의 중요성 강화와 같은 5가지 뉴노멀이다.

지난 40년 동안 세계적 기업들은 글로벌 기반 공급망을 강화하기 위해 노력했다. 1970년 후반 중국의 값싼 노동력과 임대료가 세계 시장으로 흘러들면서 중국은 글로벌 공급망 핵심 국가로 성장해왔다. 코로나19로 중국의 공장들이 가동을 멈추면서 부품과 자재 공급에 차질이 생기자 글로벌 공급망은 삽시간에 마비되었다. 특히 코로나19에 필수적인 마스크, 방호복, 진단키트 등을 직접 생산하지 않는 대다수의 국가들에서는 마스크

대란이 일어나기도 했다. 코로나19 전파 초기 이탈리아에서는 방역물품 부족으로 의료진의 사망률이 9퍼센트까지 치솟기도 했다. 단기적 이익을 극대화하기 위한 글로벌 분업화가 위기에 취약하다는 것을 깨달은 국가들은 저임금 국가에 분산된 제조 기업들을 자국으로 복귀하도록 리쇼어링reshoring을 지원하고 있다. 미중 무역분쟁의 여파로 보호무역이 강화되고 세계적인 불황이 관세 인상 등의 악재로 작용할 것에 대비해 자국의 공급망을 강화하는 탈세계화가 가속되고 있다.

코로나19로 단 7개월 만에 7년 동안 일어날 법한 변화가 생겼다는 것은 불확실성이 매우 높아졌다는 뜻이다. 그 어느 때보다도 예측하기 어려운 시대에 정부나 기업은 외부 환경의 변화에 능동적으로 대응할 수 있도록 효율성보다는 회복탄력성resilience을 높이는 것이 중요하다. 코로나19 초기 국내 자동차 기업은 중국에서 조달하던 부품 공급이 중단되면서 일주일간 생산을 멈출 수밖에 없었다. 비핵심 부품의 공급 차질로 전체 생산라인이 중단되자 자동차 기업은 원가절감과 효율성 외에도 공급망을 다변화해서 회복탄력성을 확보해야 한다는 것을 절감했다.

사회적 거리두기로 등하교와 출퇴근이 제한되면서 집에 머무는 시간이 늘어나자 온라인 수업, 화상회의를 할 수 있는 줌과 같은 원격 솔루션의 사용이 늘어났고 온라인 쇼핑이나 배달음식을 주문하는 디지털 커머스와 넷플릭스 등의 스트리밍 서비스, 모바일 금융 서비스에 대한 수요가 크게 늘어났다.

고강도 사회적 거리두기로 초·중·고등학교에서 대학교까지 온라인 개학을 진행하면서 교육 현장에서 전면적으로 온라인 수업이 시행되었다. 하지만 코로나19로 인한 원격수업으로 학습 격차가 심해졌고 특히 부모의 돌봄이 취약한 빈곤층과 다문화 가정의 아이들, 기초학력이 부족한 학생들이 더 큰 타격을 입은 것으로 나타났다.

또한 오프라인 매장이 쇠퇴하고 온라인 중심으로 소비 방식이 바뀌면서 온라인 플랫폼에 진입하기를 주저하던 국내외 식료품 업계도 변화에 동참하고 있다. 코로나19로 비대면이 일상화되자 디지털기술에 대한 장벽이 있었던 중장년층까지 온라인 서비스 이용이 확대되면서 사회 전반에 걸쳐 디지털 전환이 빠르게 촉진되고 있다.

알릭스파트너스는 코로나19로 인한 장기적인 불황이 이어지면 앞으로 1~2년간 소비 형태는 소득 수준에 따라 뚜렷한 차이를 나타낼 것이라 전망했다. 통계청 분석에 따르면 2020년 상반기 소득 수준 상위 20퍼센트는 교통 지출이 가장 많았고 하위 20퍼센트는 식료품, 비주류 음료의 지출이 가장 컸다. 고소득자는 차량 소비세가 인하되자 안전한 이동을 위해 차량 구입에 돈을 쓴 반면, 저소득층은 필수소비재에 가장 큰 비용을 지출했다. 또한 건강에 대한 관심이 높아지면서 의류나 화장품, 여행 관련 용품의 소비는 줄어든 반면, 당분간 웰빙식품과 의약품에 대한 소비가 늘어날 것으로 보인다.

언택트 소비로 많은 사람들이 배달음식을 일상적으로 이용하는데, 신선식품을 온라인으로 구입해 간편하게 요리해 먹을 수 있는 밀키트에 대한 수요가 크게 늘고 있다. 또한 건강과 위생을 위해 건강보조제나 방역 용품, 의류관리기나 공기청정기, 식기세척기 등 가전제품에 대한 니즈는 지속적으로 늘어나는 추세다.

마지막으로 불확실성이 높아진 시기에는 소셜미디어를 통해 가짜뉴스가 빠르게 확산되기 때문에 기업은 자사에 대한 정확한 정보를 제때에 전달해야 고객의 신뢰를 얻을 수 있다고 강조한다.

2015년 빌 게이츠는 천만 명 이상의 인류를 사망에 이르게 할 것은 전쟁이 아닌 전염성 강한 바이러스일 가능성이 높다고 말했다. 경제 개발로 야생동물의 서식지가 파괴되고 도시로 유입된 중간매개체 동물이 인간에게 옮긴 전염병이 교역과 여행 경로를 타고 조용히 전 세계로 퍼져 나가 결국 인구가 밀집된 거대 도시에 침투해 막대한 피해를 입힐 것이라고 경고했다. 그를 비롯한 세계의 감염병 전문가들은 유행성 전염병에 대비하기 위해 강력한 의료시스템을 갖춰야 한다고 꾸준히 말해왔다.

세계경제포럼의 회장 클라우스 슈밥은 저서 『위대한 리셋』에서 코로나19 이후 세계의 재편 방향을 제시했다. 그는 예견된 위험이었음에도 피해가 컸던 이유는 현대 사회가 기술적 진보와 세계화로 상호의존성을 키웠기 때문이라고 한다. 모든 것이 연결된 세상은 코로나19와 같은 전염병을 더 빠른 속도로 전파시키는 반면, 그로 인해 벌어진 대혼란을 분석하고 예측해서 합당하게 대응하기에는 이 사회의 시스템이 너무나 복잡해서 그 속도를 따라갈 수 없다.

팬데믹과 같은 상황은 각국 정부의 노력만으로는 해결할 수 없는 전 세계적인 문제이므로 효과적인 국제기구를 통해 초국가적인 협력으로 대응해야 한다. 하지만 슈밥은 현존하는 국제기구가 코로나19나 기후변화, 핵, 식량, 테러리즘과 같은 주요한 도전 과제를 효과적으로 풀어나갈 수 있을지 아직은 확신하기 어렵다고 본다. 그의 말대로 이번 기회에 이들 기구의 비효율적인 역량을 강화하고 전 지구적인 문제에 효율적으로 대처할 수 있도록 위대한 리셋이 필요하다.

"이런 일상의 모든 변화들이 어떤 의미에서는 너무나 특이했고
또 너무나 빨리 진행되었기 때문에 그것이 정상적인 변화이며
지속될 수 있다고 생각하기란 쉬운 일이 아니었다."

— 알베르 카뮈 『페스트』 중에서

CHAPTER 4

식량의 두 얼굴

식량이 넘치는데
왜 세상의 절반은 굶주릴까?

기아로 죽는 아이들

2020년 기준 세계 인구는 78억 명이다. 산업화 이후 의학과 농업의 발전으로 평균수명이 늘면서 세계 인구는 폭발적으로 증가했다. 1800년대에 처음 세계 인구가 10억 명을 넘어섰고 1927년에는 2배가 늘어 20억 명, 50년도 채 지나지 않은 1974년에는 다시 2배가 늘어 40억 명을 돌파했다. 세계 인구는 50년 만에 또다시 2배가 늘어 현재 80억 명을 눈앞에 두고 있으며 2050년쯤이면 100억 명에 이를 전망이다.

우리나라를 비롯한 선진국에서는 고령화와 인구 감소 문제가 심각하지만 아프리카 지역을 비롯한 개발도상국에서는 정반대 현상이 일어나고 있다. 2020년 평균 출산율이 0.84명인 우리나라 인구는 2028년부터 큰 폭으로 감소해 2067년에는 3900만

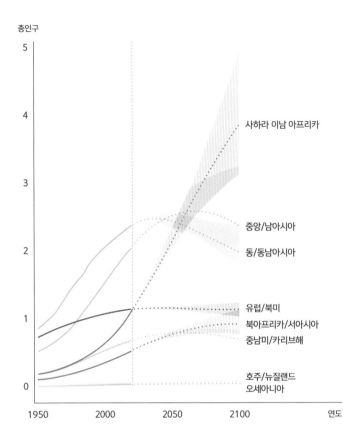

총인구

5

4

3

2

1

0

사하라 이남 아프리카

중앙/남아시아

동/동남아시아

유럽/북미
북아프리카/서아시아
중남미/카리브해

호주/뉴질랜드
오세아니아

1950   2000   2050   2100   연도

2019년 〈유엔 인구 전망 보고서〉에서 제시한 인구 변화 추이
를 살펴보면 2100년까지 전 세계적으로 인구가 감소하거나
제자리에 머무는 것이 대부분이지만, 사하라 이남 아프리카 지
역에서는 인구가 계속 증가하고 있다.

명으로 줄어들고 65세 이상 고령인구가 전체 인구수의 46.5퍼센트에 달할 것으로 추정된다. 반면 세계에서 출산율이 가장 높은 나라인 니제르는 30년 후 인구수가 3배 증가하고, 아프리카에서 가장 많은 인구수를 보유하고 있는 나이지리아는 2050년에 2배로 증가해 4억 명, 2100년에는 7억 명에 이를 전망이다. 2100년에는 나이지리아를 비롯한 콩고, 탄자니아, 에티오피아가 인구수 상위 10개국에 속할 것이다.

2067년까지 대륙별 인구 증가 전망치를 살펴보면 아시아, 라틴아메리카, 북아메리카의 인구증가율은 완만한 수준이고 심지어 유럽의 인구는 감소하는데 반해, 아프리카 인구는 약 2.4배 증가해 13억 1000만 명에서 31억 9000만 명으로 늘어난다. 아프리카 중에서도 세계 최빈국이 몰려 있는 사하라 이남 아프리카의 인구증가율이 최상위에 올라 있다. 이들 국가의 인구증가율이 세계의 인구 증가를 견인하고 있는 셈이다.

문제는 인구 증가와 함께 하루 생활비가 1.9달러 미만인 빈곤층도 늘어난다는 점이다. 지난 20년 동안 아프리카를 비롯한 전 세계 빈곤층 비율은 꾸준히 감소했지만(코로나19의 영향으로 20년 만에 처음으로 증가하고 있다) 일부 지역에서는 급격한 인구 증가로 인해 오히려 빈곤층의 인구가 늘어나는 일이 발생했다. 전 세계 빈곤층의 절반이 넘는 6억 명의 인구가 사하라 이남 아프리카에 거주하고 있다. 이 지역의 인구가 급증함에 따라 2030년에는 빈곤층 비율이 87퍼센트에 이를 것으로 예상된다.

< 1.0%
1.0 – 4.9%
5.0 – 9.9%
10.0 – 19.9%
20.0 – 29.9%
30.0 – 39.9%
40.0 – 49.9%
50.0 – 59.9%
60.0 – 69.9%
70.0 – 79.9%
데이터 없음

2018년 세계은행에서 보고한 전 세계 빈곤 인구 비율을 보면
콩고, 마다가스카르, 나이지리아의 인구 절반 이상은 하루에
1.9달러로 생계를 유지하는 최빈곤층이다.

빈곤층이 꾸준히 늘고 있는 18개국 중 14개국이 사하라 이남 아
프리카에 속한다. 나이지리아는 전체 인구의 50퍼센트 이상이
빈곤에 시달리는 세계 최대 빈곤층 보유국이며 콩고가 인도를
제치고 2위에 오를 날도 머지않았다.

빈곤은 기아와 밀접한 관계가 있다. 사하라 이남 아프리카
지역에 거주하는 2억 3000만 명은 영양부족 상태다. 지난 20년
간 영양실조 인구가 증가한 대륙은 아프리카가 유일하다. 그중
에서도 인구의 70퍼센트 이상이 빈곤층인 콩고는 1인당 하루 칼
로리 공급량이 1605킬로칼로리^{kcal}로 성인 권장량의 57퍼센트

하루 종일 카카오 생산에 매달리지만 하루 일당으로
초콜릿 하나를 사지 못한다.

에 불과하다.

당장 먹을 식량이 부족하지만 농토 대부분이 커피, 사탕수
수, 카카오 등 선진국에서 소비하는 기호식품을 생산하는 데 쓰
이고 밀, 식물성 기름, 쌀, 옥수수 등의 식량작물은 수입하거나
생계형 자급자족 농업에 의존하고 있다. 아프리카 노동인구의
65~85퍼센트가 농업에 종사하나 대부분의 생활 필수 농산품을
수입하는 실정이다.

세계 카카오의 약 70퍼센트를 생산하는 아프리카는 현대
판 식민지나 다름없다. 특히 최대 카카오 수출국인 코트디부
아르는 인구의 4분의 1에 달하는 600만 명이 카카오 농장에

서 일한다. 하지만 카카오를 재배하는 아프리카 농민들의 하루 일당은 1달러에도 못 미친다. 세계은행이 제시한 극단적 빈곤의 기준치인 일간 소득 1.9달러에도 훨씬 못 미치는 수준이다. 카카오 생산자들은 초콜릿 판매에서 나오는 이윤의 5퍼센트 정도를 가져가고 나머지 수익은 초콜릿 제조회사와 판매업체들에게 돌아간다.

이런 불공정한 산업구조는 빈곤을 대물림하는 악순환의 고리를 강화시킨다. 아이들은 제대로 된 교육을 받지 못하고 생계를 위해 마체테를 들고 카카오 열매를 쪼개고 영양부족에 시달리면서도 무거운 카카오 포대를 나른다. 코트디부아르 카카오 농장에서 일하는 어린이는 약 26만 명으로 추정되지만, 아동 노동 착취나 인권 문제는 당장의 생계가 막막한 이들에게 공허한 외침일 뿐이다. 하루 종일 일하면서도 쥐꼬리만 한 소득 대부분을 먹는 데 소비하고 그마저도 충분하지 않아 만성적 영양실조에 시달린다.

카카오 경작에 들어가는 비용을 감당하기도 힘든 상황이라 생산성을 늘리기 위해 설비를 갖추거나 선진 농업기술을 들여오는 것은 꿈도 꾸지 못한다. 이런 상황은 카카오 재배에만 국한되지 않는다.

사하라 이남 아프리카 지역은 관개시설이 없어 빗물에 의존하는 천수답 형태의 농업이 주를 이루기 때문에 가뭄에 매우 취약하다. 낙후된 농업기술과 가족구성원에 의존하는 노동력으

식량이 넘쳐나는 나라에서 살찐 사람들이 다이어트를 하는 동안 사막
화가 진행되는 나라의 아이들은 굶주림과 싸우며 벼랑 끝으로 내몰리
고 있다.

로 인해 면적당 곡물생산량이 세계에서 가장 낮은 수준이다. 정치적 혼란과 무력 분쟁으로 식량 불안정은 더욱 심화되고 기후변화는 여기에 기름을 끼얹고 있다. 인구가 급증하면서 식량 수요가 꾸준히 증가하지만 농업 생산량은 그에 미치지 못하니 식량 부족 문제는 국가의 존립을 뒤흔드는 심각한 위협이 되고 있다.

농작물은 기후변화에 굉장히 민감하다. 기온, 강수량, 대기 중 이산화탄소 농도의 변화에 따라 농작물 생산량이 크게 좌우된다. 지역마다 편차가 있지만 지구 평균기온이 1도 상승할 때마다 전 세계 옥수수 생산량은 7.4퍼센트, 밀은 6퍼센트, 쌀은 3.2퍼센트, 콩은 3.1퍼센트씩 줄어든다.

앞으로 온실가스 배출량을 줄이지 않으면 수십 년 내에 전세계 식량 공급이 불안정해지고, 2050년에는 주요 곡물 가격이 최대 23퍼센트까지 상승할 것으로 예상된다. 만약 전 세계 인구의 5분의 1을 먹여 살리고 있는 중국에 극심한 가뭄이 든다면 곡물 가격 폭등이 일어나면서 팬데믹에 버금가는 세계적 식량 위기 사태가 벌어지는 것을 누구도 막을 수 없다.

식량 의존 경보

과연 식량 생산량을 늘리면 기아에 시달리는 인구가 줄어들까? 식량 부족의 더 큰 원인은 생산이 아니라 불공

우리는 매년 280만 명의 사람들이 과체중과 비만으로 목숨을
잃고 310만 명의 아이들이 굶어 죽는 세상에 살고 있다.

정한 분배에 있다. 지금 이 순간에도 전 세계 인구의 약 두 배인
140억 명이 먹을 만큼 충분한 양의 식량이 생산된다. 그 많은 식
량은 늘 넘쳐나는 쪽으로 더 많이 쏠려 있다. 10명 중 3~4명이 넘
치는 식량을 먹다 남기는 사이 1명은 굶어 죽어 가는 것이다. 뱃
가죽만 남은 열 살 이하의 아이들이 오늘도 하루에 10만 명, 5초
에 1명씩 굶어 죽고 있다.

　　과잉 소비를 줄이고 남는 식량을 공정하게 분배할 수는 없
을까? 그렇게 될 가능성은 희박해 보인다. 일명 ABCD라 불리는
미국의 아처 대니얼스 미들랜드ADM와 카길Cargill, 아르헨티나의
벙기Bunge, 프랑스의 루이드레퓌스LDC 등의 곡물 메이저 기업들

이 세계 곡물 시장의 약 80퍼센트를 점유하고 있다. 특히 카길의 점유율은 40퍼센트에 달한다. 이들은 전 세계 곡물 교역량의 80퍼센트, 저장 시설의 75퍼센트, 운송의 50퍼센트를 차지하고 곡물의 생산, 저장, 유통, 수송 등을 독점한 채로 곡물 시장을 마음껏 주무른다.

이들은 막대한 자금력과 독점체제를 바탕으로 곡물을 사들여서 각국 정부와 기업에 판매해 엄청난 이윤을 거두어들인다. 그뿐만 아니라 씨앗, 농약, 살충제, 가공식품, 생명공학에 이르기까지 광범위한 영역으로 사업을 확장하고 있다. 닭을 파는 농장에 병아리를 팔고 병아리에게 먹일 사료와 투여할 항생제를 판매하고, 병아리가 닭이 되면 매입해서 소비자에게 판매하는 축산계열화사업도 진행한다.

곡물 메이저의 영향력은 보이지 않게 사람들의 일상으로 스며들어 있다. 우리가 빵이나 면에 사용하는 밀가루, 곡물 사료와 물엿, 액상 과당 등에 사용하는 옥수수, 음식과 음료수에 사용하는 설탕, 소금, 감미료는 모두 이들 기업에서 온 것이다. 특히 우리나라의 밀 자급률은 1.2퍼센트, 옥수수는 3.3퍼센트에 그쳐 사실상 전량을 수입에 의존하고 있다 해도 과언이 아니다.

점심으로 햄버거를 먹을 때 빵에 들어가는 밀, 감자튀김의 감자를 재배하는 데 사용하는 농약, 설탕에 들어가는 사탕수수의 가공과 유통, 심지어는 패티에 들어가는 사료와 항생제까지 전부 이 거대 곡물기업이 제공한다는 것을 몇이나 알고 있을까?

특히 곡물자급률이 25퍼센트가 채 되지 않는 우리나라는 전체 수입 곡물의 60퍼센트를 곡물 메이저로부터 공급받고 있으니 우리가 먹는 거의 모든 음식이 곡물 메이저의 손을 거치는 셈이다. 물론 곡물 메이저의 로고가 상품에 표시되지 않기 때문에 대부분의 사람들은 이들의 존재를 알 수 없다.

더 우려되는 것은 이들이 취급하는 상품이 생존에 필수적인 식량이라는 점이다. 곡물 메이저들은 시장 지배력을 확대하고 이윤을 극대화하기 위해 개별 국가의 농업보호정책을 축소하거나 폐지시키고 식량자급력을 상실시키는 데 온 힘을 쏟아왔다. 이들에게 공정이나 평등, 분배의 정의는 무의미하다.

미국 농무성 고위인사들을 채용해 미국 정부에 영향력을 행사하고 세계무역기구WTO에 압력을 넣어 자유무역과 세계화라는 이름으로 곡물 시장을 개방하도록 만들었다. 농산물 시장이 개방되자 가격 경쟁에서 밀린 중소 규모 농장은 버텨낼 재간이 없었고, 그 자리는 금세 초국적 기업의 값싼 수입농산물이 차지했다. 무역자유화를 통해 개별 국가의 생산 기반을 무너뜨리고 값싼 선진국 농산물에 의존하는 구조를 만들어 식량 주권을 박탈했다.

곡물자급률이 중요한 이유는 대체할 수 없는 기초 식량이기 때문이다. 언제라도 식량 위기가 닥쳐오면 농산물 무역자유화를 외치던 곡물 수출국들은 수출을 제한하고 국내 소비를 우선시하는 조치를 취할 것이다. 식량 공급망이 무너지면 결국 수

세계무역기구 출범 이후 우리나라 농산물 시장이 하나둘씩 개방되면서 농산물 수입량이 증가하고 있다. 대규모 공장식 농업으로 저렴하게 공급되는 외국 농산물로 인해 국내 농산물 가격 경쟁력이 하락했다. 소규모 농가들이 농사를 포기하는 비율이 높아지는 만큼 곡물자급률은 꾸준히 낮아지고 있다.

요가 공급을 따라가지 못해 식량 가격이 상승한다. 가격이 오르더라도 즉시 수요를 줄이거나 공급을 확대할 수 없기 때문에 자체적으로 식량을 생산할 수 없는 수입국들은 울며 겨자 먹기로 높은 가격에 농산품을 수입할 수밖에 없다.

최빈곤층이 많은 개발도상국은 농산물 가격이 조금만 올라도 기아에 시달리는 인구가 급격하게 증가한다. 2008년 식량 위기 때 아프리카를 비롯한 개발도상국에서는 식량 가격 폭등을 견디다 못해 시위와 폭동이 일어났다. 식량 위기의 원인으로 기후변화로 인한 이상기후, 바이오에너지 수요 증가, 개발도상국의 육류 소비 증가와 함께 자유무역으로 인한 제3세계 농업 기반 파괴가 꼽힌다. 하지만 그 뒤에 보이지 않는 카르텔이 숨어 있다. 생존 필수품인 식량을 두고 이들은 정부와 국제기관을 움직여 기울어진 운동장을 만들었다. 이 운동장에서는 구조적으로 한쪽이 과도한 영양 섭취로 인해 비만과 과체중에 다이어트를 하는 동안 다른 한쪽은 만성적 기아에 시달릴 수밖에 없다.

우리는 코로나19 팬데믹을 겪으며 시장 개방과 관세 인하를 통한 식량 무역은 더 이상 지속가능한 시스템이 아니라는 것을 깨달았다. 코로나19로 인해 최대 밀 생산국인 러시아와 세계 3위 쌀 수출국인 베트남이 곡물 수출을 제한하면서 밀과 쌀의 가격이 급등했다. 알제리나 터키는 곡물 비축량 확대에 나서면

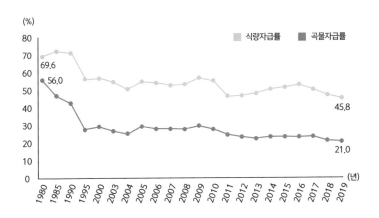

농림축산식품부에서 조사한 우리나라 곡물자급률은 1980년 56퍼센트에서 2019년 21퍼센트까지 꾸준히 감소하고 있다.

서 이전보다 10퍼센트 높은 가격을 지불하고 밀을 수입했다. 코로나19 팬데믹으로 식량 공급망에 차질이 생기면서 8300만 명에서 최대 1억 3200만 명이 영양부족 상태에 놓이게 될 것으로 우려된다.

우리나라 곡물자급률은 40년 사이 56퍼센트에서 21퍼센트로 줄어들었고 OECD 회원국 중 최하위권에 머물고 있다. 더 이

기존의 농산물 유통 과정을 보면 생산자에서 소비자까지 여러 단계를 거치며 실제 농가의 수취가격에 비해 중간 유통 마진이 상당했다. 온라인을 통한 산지 직배송 서비스는 중간 유통 단계를 거치지 않기 때문에 농산물의 가격 마진이 줄어 생산자와 소비자 모두에게 도움을 준다.

기존의 농산물 유통 과정

생산자	산지유통	도매시장	중도매인	소매상	소비자
(농가 수취가격)	(유통인 수취가격)	(경매낙찰가격)	(도매가격)	(소비자판매가격)	

온라인 산지 직배송

생산자	택배	소비자
(농가 수취가격)	(배송비)	

상 개별 국가가 식량 주권을 회복하고 지속가능한 농업 식량 체계를 구축하는 것을 미뤄서는 안 된다. 단기적 이익을 위해 시장을 개방하고 초대형 농식품 업체나 곡물 생산 업체에 의존한다면 언제든지 식량 수급 체계가 불안정해질 수 있다. 특히 세계 인구가 급증하며 식량의 수요가 계속해서 증가하는 상황에 이상기후나 코로나19와 같은 외부 요인의 영향으로 언제든지 전 지구적 식량 위기가 찾아올 수 있다.

필요한 식량을 자급자족할 수 있는 선까지 식량자급률을 끌어올려야 예상치 못한 충격을 받아도 회복탄력성을 유지할 수 있다. 자국의 소규모 농가를 보호하고 식량 유통 단계를 줄여 생산자와 소비자를 긴밀하게 연결하면서 각 지역에서 식량을 자급자족할 수 있는 방향으로 나아가야 한다.

버려지는 음식

전 세계에서 매년 생산되는 식량의 양은 40억 톤에 달한다. 하지만 40억 톤의 3분의 1인 13억 톤 상당의 식량이 버려진다. 이렇게 버려지는 식량의 가치를 돈으로 환산하면 연간 1200조 원에 달한다. 식량 낭비는 곧 식량을 생산하는 데 들어간 엄청난 양의 에너지와 물, 토지 등의 천연자원을 낭비하는 것이기도 하다. 기후변화에 미치는 영향도 만만치 않다. 매년 낭비될 식량을 생산하며 엄청난 양의 이산화탄소를 배출하는데, 이는 중국과 미국의 이산화탄소 배출량에 버금가는 양이다. 무엇보다 이 정도의 식량이면 배를 곯는 8억 5000만 명보다 4배 많은 인구를 먹여 살리고도 남는다. 그런데 왜 굶주리고 있는 8억 5000만 명에게 식량을 분배하지 않는 것일까?

상식적으로 보면 먹을 수 있는 음식이 쓰레기로 버려지는 것만이 식량 낭비인 것 같지만 사실 식량은 생산되는 농장에서부터 어마어마하게 낭비된다. 이상기후, 병충해, 농산물 가격 하락 등으로 인해 상품으로서의 가치가 떨어지면 수확하지 않는 농산물은 밭에서 썩게 마련이다. 자본주의 사회에서는 결국 농산품도 이익을 창출하기 위한 상품이기 때문이다.

과일이나 채소의 경우 먹는 데 전혀 문제가 없다고 해도 크기나 모양, 색깔 등이 좋지 않으면 상품성이 떨어져서 수확할 이유가 없다. 멀쩡해 보여도 길고 복잡한 유통 단계를 거쳐 소비자에게 도달할 쯤이면 너무 익거나 썩어버릴 농산물도 그냥 버려진다. 농사가 너무 잘되어도 문제다. 풍년이 들어 물량이 많아지면 농산물의 가격이 떨어지는데 유통 비용까지 계산하면 농부들에게 남는 것이 없기 때문에 애써 키운 농산물을 대량으로 폐기하기도 한다.

선진국에서는 생산과 수확 단계 때 가장 많은 식량이 낭비되지만 개발도상국에서는 수확 후 건조, 저장, 포장, 운송 등의 유통 과정에서 가장 많은 손실이 발생한다(생산과 수확 단계에서

제주도에서는 잦은 비와 일손 부족, 과일 가격 하락 등으로 1년 내내 땀 흘려 키운 감귤을 수확하지 않아 과수원 바닥에서 썩는 일이 비일비재하다. 2020년산 노지 감귤은 코로나19로 인한 경기 침체에 이어 한파, 폭설로 가격이 폭락하면서 평년보다 더 많이 버려졌다.

도 많은 양의 식량이 버려진다). 주로 음식이 상하기 좋은 열대지방에 위치해 있기 때문이다. 음식을 신선하게 보존하려면 온도나 습도를 조절할 수 있는 저장고나 냉장 시설을 갖춘 운반 차량이 필요한데, 개발도상국의 농부나 유통업자들은 이런 비용을 감당하기 힘들다.

　　대형마트에서 발생하는 식품 폐기물의 양도 적지 않다. 대형마트는 이윤을 극대화하기 위해 진열대를 가득 채우고 소비자가 필요 이상의 식재료를 구매하도록 유도한다. 유통기한이 지난 상품들을 폐기하고 처리하는 데도 상당한 비용과 온실가스가 발생한다. 사실 유통기한은 말 그대로 유통을 할 수 있는 기간이지만, 이 기간이 지나면 판매할 수 없기 때문에 폐기한다.

프랑스에서는 2016년에 '대형마트 재고식품 폐기 금지법'을 통과시켰다. 일정 규모 이상의 대형마트에서 팔다 남은 식품을 폐기하는 대신 자선단체나 푸드뱅크에 기부하도록 강제하는 법안이다. 멀쩡한 음식을 폐기하는 비용과 온실가스 배출을 줄이면서 정말 필요한 곳에 음식을 무상으로 나누어주는 것이다.

마찬가지로 독일에서는 폐기물 쓰레기통이나 컨테이너에서 폐기된 식료품을 찾아 소비하는 움직임이 일고 있다. 대형마트 폐기물 컨테이너에서 음식을 구하는 것은 불법이지만, 과잉 생산과 무분별한 소비 우선주의를 비판하는 차원에서 동참하는 사람들이 늘고 있으며 마트 측도 암묵적으로 용인한다.

식당이나 가정에서 발생하는 음식물 쓰레기의 양도 상당하다. 선진국에서는 소비하는 음식보다 더 많은 음식물 쓰레기를 배출한다. 연간 2억 2200만 톤의 음식물 쓰레기가 발생하는데 사하라 이남 아프리카의 식량 생산량과 맞먹는 양이다. 식품업계가 이윤을 극대화하기 위해 소비자들의 소비 욕구를 필요 이상으로 자극하고 소비자들은 필요한 양보다 더 많은 음식을 구매한다. 그러다 보니 선진국의 1인당 음식물 쓰레기 배출량은

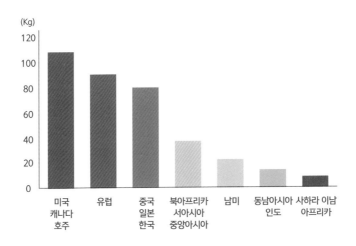

(Kg)

2011년 국제연합식량농업기구(FAO)에서 발표한 지역별 1인
당 연간 음식물 쓰레기 배출량을 보면 미국, 캐나다, 유럽에 이
어 중국, 일본, 한국의 음식물 쓰레기 배출량이 사하라 이남 아
프리카 지역에 비해 월등히 많다.

개발도상국의 10배에 달한다.

식량 낭비는 곧 엄청난 자원 낭비를 의미한다. 전 세계는
물 부족으로 인한 분쟁에 시달리면서 매년 세계 물 소비량의
4분의 1을 먹지도 않을 식량 생산에 사용하고 있다. 케이프타
운을 비롯한 상파울루, 멜버른, 베이징, 도쿄, 멕시코시티 등은
2040년에 물 수요가 공급을 넘어서면서 물 부족 위기를 맞게
될 것이다.

버려질 식량을 생산하는 데 사용되는 땅의 면적은 1400만 제곱킬로미터로 러시아 영토의 약 80퍼센트에 달한다. 그뿐만 아니라 농경지 개발을 위해 삼림을 파괴하고 생물다양성 감소를 일으킨다는 것을 생각해보면 낭비되는 식량이 환경에 미치는 영향은 엄청나다. 식량의 생산, 가공, 저장, 운송 그리고 쓰레기 매립지에서 음식이 썩으며 발생하는 온실가스로 인한 기후변화까지 고려하면 식량 낭비는 천문학적인 손해로 돌아오고 있다.

고기와의 경쟁

인간은 이미 한정된 식량, 물, 토지를 두고 가축과 경쟁해야 하는 처지에 놓여 있다. 현재 지구에는 10억 마리의 돼지, 10억 마리의 양, 15억 마리의 소, 그리고 230억 마리의 닭이 있다. 이 많은 가축들을 먹이는 데 쓰이는 곡식의 양은 전 세계 곡물 생산량의 40퍼센트를 차지한다. 만약 이 40퍼센트의 곡물을 동물 사료로 사용하지 않고 인간이 직접 소비한다면 2050년까지 90억 명의 인구를 먹여 살릴 수 있는 양이다. 또 전 세계 농경지의 35퍼센트가 가축을 기르는 데 쓰이고, 20퍼센트의 물이 동물의 사료를 생산하는 데 소비된다.

홀스타인 송아지가 인공수정을 하려면 최소 생후 14개월이

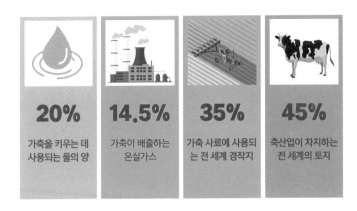

우리 식탁에 고기가 올라오기까지 필요한 물과 토지, 그리고 배출되는 온실가스를 고려하면 채식주의자가 되지는 않더라도 간헐적 채식을 선택하는 사람들이 늘어나는 이유를 알 수 있다.

20%
가축을 키우는 데 사용되는 물의 양

14.5%
가축이 배출하는 온실가스

35%
가축 사료에 사용되는 전 세계 경작지

45%
축산업이 차지하는 전 세계의 토지

지나야 한다. 14개월이 지난 암소가 인공수정에 성공해 약 9개월간의 임신 기간을 거쳐 송아지를 분만하고서야 우유를 생산한다.

젖소가 1리터의 우유를 생산하기 위해서는 적어도 3리터의 물을 마셔야 한다. 젖소의 물 소비량은 우유 생산량과 비례하는데 우유 생산량이 좋은 젖소는 하루에 150리터의 물을 마시기도 한다. 젖소가 마시는 물의 양이 상당해 보이지만 사실 가축이 직접 소비하는 물은 낙농업에서 사용되는 물의 1퍼센트에 불과하고 나머지는 가축이 먹는 사료를 만드는 데 쓰인다. 전 세계 물 소비량의 13.3퍼센트가 젖소나 소의 사료를 만들기 위해 소비된다. 이렇게 사용되는 모든 물의 양을 계산해보면 1리터의 우유를 마시기 위해 약 1000리터의 물이 사용된다.

가축이 기후변화에 직접적인 원인을 제공하는 것은 더 큰 문제다. 축산업에서 발생하는 온실가스는 전체 온실가스 배출량의 14.5퍼센트를 차지한다. 산업, 에너지 발전 과정에서는 이산화탄소가 배출되지만 축산업에서는 메테인과 아산화질소가 주로 발생한다.

그중에서도 소의 트림과 방귀, 배설물에서 뿜어져 나오는 메테인과 아산화질소의 양은 다른 가축에 비해 독보적이다. 소는 자체적으로 풀을 소화할 수 없기 때문에 소의 위에 사는 미생물이 풀을 발효시켜 소화를 돕는다. 이 과정에서 다량의 메테인 가스가 생성된다. 메테인은 이산화탄소보다 대기 중에 머무는 시간은 짧지만 온실효과 효율이 28배나 되고 아산화질소는 무려 265배나 되기 때문에 단기적으로 지구온난화에 더 큰 영향을 미칠 수 있다.

이미 육류 생산은 포화 상태에 이르렀다. 생후 5주 된 50년 전 닭과 현재의 닭을 비교하면 크기가 무려 5배나 차이 난다. 성장 촉진 항생제와 비타민, 품종개량 등으로 인해 5주 만에 더 이상 몸을 지탱할 수 없을 정도로 거대해진다. 얇은 다리로는 비대한 몸을 지탱하지 못하기 때문에 닭은 생후 5주 안에 도살당한다. 그래서 생물학적으로 가축의 생산성을 늘리는 것은 이제 한계에 이르렀다고 볼 수 있다.

2003년 충북에서 처음 조류인플루엔자가 확인된 후 거의 매년 반복적으로 발생하고 있다. 코로나19로 전 세계가 혼란에 빠져 있는 동안에도 전국적으로 조류인플루엔자가 퍼지면서 가금류 약 2800만 마리가 살처분되었다.

　　더 이상 가축을 기를 공간도 없다. 지금도 수많은 가축들이 몸을 움직일 수조차 없는 공장식 축사에서 사육되고 있다. 양계장에서는 가금류의 잠자는 시간을 단축해 산란율을 높이기 위해 햇빛을 차단하고 낮은 조도의 인공조명을 사용한다. 하지만 햇빛이 들지 않는 밀폐된 공간에서 비위생적으로 사육된 닭과 오리는 면역력이 약해 각종 질병에 취약하다. 좁은 공간에서 대규모로 사육되기 때문에 전염성 질병이 발생하면 순식간에 퍼져 나간다. 병에 걸리지 않도록 대량의 항생제를 투여하지만 조류인플루엔자와 같은 바이러스성 질병은 항생제로 막을 수 없다.

살림살이가 나아지면 육류 소비는 증가한다. 환경 과학자들은 고기 소비가 정점에 이르면 축산업으로 발생하는 온실가스 배출량이 늘어나 2030년대가 되면 심각한 기후 위기를 초래하는 피크 미트(Peak Meat) 사태가 벌어질 것으로 예상한다.

많은 사람들이 고기를 먹으며 단백질이나 지방을 섭취하는데 사실 고기는 영양분을 얻기에 그다지 효율적인 식량원이 아니다. 먼저 가축을 도축하기 위해 피를 빼고 가죽을 벗기고 내장을 분리하는 과정에서 가축의 무게가 적게는 3분의 1에서 많게는 절반까지 줄어든다. 1차 가공이 끝나면 가축이 도매상으로 넘어가는데 부위별로 재가공을 하는 과정에서 무게가 다시 3분의 1 정도 줄어들고 뼈가 없는 상태의 고기는 무게가 절반으로 줄어든다. 베이컨이나 햄, 소시지 등으로 가공하면 고기에 열을 가하게 됨으로 수분이 빠져나가 무게는 더 가벼워진다.

특히 가축이 사료를 섭취해서 얻는 대부분의 칼로리는 우리가 소비할 수 없는 뼈, 연골, 혈액 등을 만들거나 신진대사를 활성화하는 데 사용된다. 따져보면 고기를 소비하는 것보다 고기를 만들 때 들어가는 곡식을 직접 섭취하는 편이 칼로리를 얻는 데 더 효율적이다.

식물성 단백질 100그램을 섭취한 가축에게는 평균 7그램의 단백질이 남는다. 고기를 섭취하는 대신 고기가 만들어지기까지의 곡식을 직접 섭취한다면 14배나 더 많은 양의 단백질을 섭취할 수 있다는 뜻이다. 소고기는 그중에서도 가장 효율이 좋지 않다. 소가 100그램의 식물성 단백질을 섭취하면 3그램의 단백질밖에 남아 있지 않기 때문에 소고기를 먹는 대신 그만큼의 양을 곡류나 콩류 등으로 소비한다면 무려 33배에 달하는 단백질을 얻을 수 있다.

하지만 지난 50년간 육류 생산량은 4배 이상 늘었고 2050년에는 현재 생산량인 3억 3500만 톤에서 4억 5500만 톤까지 증가할 전망이다. 선진국의 육류 소비량은 비교적 변화가 없지만 중국이나 인도와 같은 신흥국들의 육류 소비가 계속 증가하기 때문이다. 신흥국의 중산층 비율이 늘어나면서 고기 수요가 늘어나고 그 수요를 따라가기 위해 하루에 2억 마리, 1년에 750억 마리에 달하는 가축을 도살하고 있다. 그만큼 가축에 들어가는 곡물과 물, 온실가스 배출량은 늘어난다. 식량 위기뿐만 아니라 기후변화로 인한 위기가 고조되는 상황에서 육류 소비를 줄일 수 있는 근본적인 대안이 필요한 시점이다.

새로운 먹거리

더 나은 선택

인류가 씨앗을 발견하고 정착해 살기 시작하면서부터 무엇을 먹고 살 것인가는 오랜 숙제였다. 문명과 산업이 발달하면서 우리의 식탁은 점점 풍성해졌고 역사상 가장 풍요로운 시대를 살고 있다고 해도 과언이 아니다. 그러나 이 풍요로움이 과연 언제까지 계속될 수 있을까? 지구온난화로 뜨거워지는 지구, 가뭄으로 죽어가는 곡식과 열매, 사막화로 줄어드는 경작지, 늘어가는 인구, 이미 포화에 이른 가축 생산 등 이 모든 것이 우리에게 경고를 보내고 있다.

모든 변화가 그러하듯 임계점을 넘어서면 순식간에 달라진다. 지금과 같은 식습관을 바꾸지 않는다면 풍요의 시대가 내리막길로 들어서는 것은 시간문제다. 이를 일찍이 감지한 사람들은 먼저 식생활에 변화를 꾀하는 중이다. 가까운 미래에 우리 식탁에서 주 요리로 부상할 새로운 먹거리 후보들이 조용히 웰빙 혁신을 일으키고 있다.

세계 최대의 육류 소비국 중 하나인 미국에서 미국인들의 육류 사랑을 획기적으로 바꿀 새로운 음식이 등장했다. 식물성 원재료로 만든 고기, 대체육이다. 빌 게이츠의 투자를 받아 화제가 된 비욘드미트는 대체육으로 만든 식물성 미트볼, 소시지, 햄버거 패티 등의 제품을 시장에 내놓으며 신제품을 개발하고 품질을 향상시키기 위해 많은 투자를 하고 있다.

비욘드미트는 식물성 고기를 활용해 기후변화와 자원부족의 문제를 해결하고 인류의 건강은 물론 동물의 행복에도 기여할 수 있다는 점을 내세우며 2019년 성공적으로 나스닥에 상장했다. 맥도날드, KFC, 타코벨, 피자헛, 딘킨도너츠 등 주요 패스트푸드 체인점과 손을 잡고 대체육 제품을 출시하고 있다. KFC의 '비욘드 프라이드치킨', 서브웨이의 '비욘드 미트볼 서브'와 '얼터밋 썹' 샌드위치가 대체육 제품이며, 최근에는 맥도날드와 공동으로 개발한 대체육 버거 '맥플란트'를 덴마크와 스웨덴에서 시험 판매 중이다.

대체육이 자리를 잡기 위해서는 사람들에게 필요한 영양소를 제공하면서도 고기와 같은 맛을 내거나 그 이상으로 맛있어야 한다. 하지만 식물성 원료를 사용해 고기 특유의 맛과 식감을 재현해내기란 생각보다 쉽지 않다. 몇 년 전만 해도 대체육은

비욘드미트에서 출시한 소시지(400그램)의 가격은 1만 7980원, 비욘드버거(277그램)의 가격은 1만 2900원으로 고기로 만든 제품에 비해 저렴한 편은 아니지만, 환경과 웰빙에 대한 관심이 높아지면서 대체육 소비가 꾸준히 늘고 있다. 국내에서도 마켓컬리, 이마트 등에서 비욘드미트의 제품을 만날 수 있다.

콩, 밀, 글루텐 등으로 고기의 맛을 흉내 내는 수준에 머물러, 특별한 신념이 없다면 먹기 힘든 '맛없는 가짜 고기'라는 꼬리표가 따라붙었다. 그런데 이 꼬리표를 뗄 수 있을 만한 혁신이 일어났다.

임파서블푸드의 창립자 패트릭 브라운은 오랫동안 고기 맛을 내는 핵심적인 분자가 무엇인지 연구하던 중 마침내 그 과학적인 실체를 찾아냈다. 바로 헴 분자다. 척추동물의 적혈구에 들어 있는 헤모글로빈은 4개의 헴 분자와 두 종류의 아미노산 사슬로 구성되는데, 이 헴 분자가 고기를 선홍빛으로 만들고 고기 맛

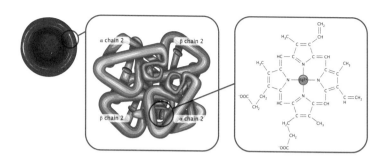

인간의 몸에 있는 적혈구에는 약 2억 7000만 개의 헤모글로빈이 들어 있다. 헤모글로빈은 철을 포함한 붉은색 단백질로 산소를 운반하는 역할을 한다. 헤모글로빈은 두 종류(α chain, β chain)의 아미노산 사슬과 4개의 헴 분자(Heme)로 이루어지는데, 이 헴 분자가 철 성분을 함유하고 있다.

을 내는 역할을 한다. 고기 맛을 좋아하는 사람은 정확히 말하면 헴 분자를 좋아하는 것이다.

임파서블푸드는 콩의 뿌리혹에서 헴 유전자를 추출해 맥주 효모에 주입하고 발효시켜 대량생산하는데, 맥주 효모를 이용하면 환경에 미치는 영향을 최소화할 수 있다. 이렇게 생산한 헴 분자를 밀, 감자 코코넛 오일 등의 재료로 만든 모사 고기에 첨가하면 실제 고기의 맛과 식감, 넘쳐흐르는 핏물까지 고스란히 재연한 그야말로 '임파서블한 고기'가 만들어진다. 일반 고기에 비해 철분, 비타민B, 단백질의 함량이 풍부하고 성인병의 원인이 되는 콜레스테롤도 들어 있지 않다. 다만 맛을 내기 위해서 포화지방을 늘리고 나트륨을 5배 이상 넣어야 한다는 점은 아직

임파서블푸드는 대형마트에서 판매되고 있으며, 스타벅스에서 '임파서블 소시지 샌드위치'를 출시하고 버거킹도 '임파서블 와퍼'를 출시했다. 2019년 버거킹은 기존의 제품보다 나트륨은 30퍼센트, 포화지방은 40퍼센트 줄인 임파서블 버거 2.0버전을 선보였다.

해결하지 못한 숙제다. 이 회사는 최근 식물성 유제품 개발에 성공해 시제품을 출시하며 낙농업계에 파장을 일으키기도 했다.

식물성 대체육 시장은 코로나19 이후 건강과 웰빙에 대한 사람들의 관심이 높아지면서 전 세계적으로 급성장하고 있으나 여전히 일반 고기에 비해 가격 경쟁력이 떨어진다. 최근 네슬레, 카길과 같은 식품 대기업들이 이 시장에 뛰어들면서 점차 저렴해지고 있으며, 가격 저항선이 낮아지면 소비층도 더 넓어질 것으로 기대된다.

임파서블푸드가 겨냥하는 소비층은 채식주의자가 아니라 육식을 선호하는 일반인이다. 고기를 좋아하지만 환경을 위해 먹지 않았던 소비자들에게 기존 고기보다 더 맛있는 대체육을 제공하겠다는 것이 이들의 목표다. 동일한 양의 패티를 소비한다고 가정했을 때 소에서 얻은 고기 대신 임파서블 버거를 소비하면 96퍼센트의 경작지와 87퍼센트의 물을 절약할 수 있고 온실가스 발생량도 무려 89퍼센트나 줄어든다. 대체육은 환경과 자원 그리고 건강을 고민하는 소비자들에게 더 나은 선택을 할 길을 열어주고 있다.

스테이크를 키우거나 출력하는

유럽에서는 대체육과는 다른 방식의 혁신이 만들어낸 인공고기가 등장했다. 2013년 네덜란드 마크 포스트 연구팀은 영국 BBC 방송을 통해 소의 줄기세포로 키운 배양육을 세상에 공개했다. 이때 선보인 햄버거에 사용된 고기는 3개월간 배양된 4000만 개의 세포로 만들어진 것으로 최초이자 최고가의 배양육이었다. 마크 포스트는 그 자리에서 10년 이내에 배양육이 대중화될 것이라는 포부를 밝혔다.

배양육에 대한 아이디어는 꽤 오래전에 제시되었다. 1932년 영국의 총리였던 윈스턴 처칠은 「50년 후의 세계」라는 에세이에서 '50년 후에 우리는 닭 날개를 먹기 위해 닭을 기르지 않아도 될 것이다. 대신 우리는 닭의 한 부위만 기를 수 있는 능력을 가지게 될 것이다'라고 예측했다.

그로부터 70여 년이 지나 소의 줄기세포로 만든 배양육 개발에 성공했다. 또한 연구팀의 바람대로 공개된 지 7년 만에 싱가포르 식품청이 배양육 업체 잇저스트의 배양육 닭고기의 생산과 판매를 허가하면서 본격적으로 시장에 출시되었다.

근육 조직을 떼어냄

건강한 소의 골격근에서 줄기세포를 분리한다.

배양기에 줄기세포를 넣고 영양액을 넣어
배양하고 증식해 근육세포로 분화시킨다.

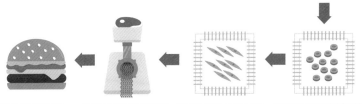

배양육을 조리해서
음식을 만든다.

근육가닥에 후가공을 하고
갈아서 패티나
소시지 형태로 만든다.

근육세포들이 모여 근섬유,
근다발을 거쳐 근육
조직의 가닥을 형성한다.

자라난 세포에 지방을 입히고
자극을 가하면 크기가 커진다.

햄버거 패티 하나를 만들기 위해서는 약 100억 개의 세포가 필
요하다. 하나의 세포가 분열해 100억 개가 되려면 33번의 세
포분열을 거쳐야 하는데, 대략 하루에 한 번 꼴로 분열하니 약
5주가 걸린다. 증식된 세포들을 3주에 걸쳐 근섬유로 성장시키
면 총 8주 만에 하나의 줄기세포에서 햄버거 패티를 만들어낼
수 있다. 장비만 갖춰져 있다면 10주 만에 1만 6000개, 13주
만에 100억 개의 햄버거 패티를 만들어낼 수 있다.

줄기세포를 이용한 배양육은 어떻게 만들어질까? 평소 잠
자고 있던 근육의 줄기세포는 근육이 손상되면 근육을 치유하고
재생시키기 위해 활성화되어 증식하는데 이 원리를 이용해 배
양육을 만든다. 배양액에 담긴 근육 줄기세포는 생물반응기에서
증식하다가 늘어난 세포들이 하나로 합쳐지면서 원통형 모양의

근육 조직으로 자라나는데 이것이 배양육의 기초 형태다.

배양육에서 실제 고기와 같은 맛과 식감을 얻기 위해서는 추가 작업이 필요하다. 근육 조직에 헴 분자를 포함한 미오글로빈 단백질이나 마블링을 만드는 지방 성분이 더해져야 먹음직스러운 붉은색을 띠고 우리가 아는 고기의 맛과 식감이 살아난다.

아직까지는 근육세포와 지방세포를 같이 배양하지 못하기 때문에 따로 분리해서 배양한 뒤 지방 조직을 추가해야 한다. 2013년 마크 포스트 연구팀이 만든 배양육 버거도 지방이 전혀 포함되지 않아서 식감이 퍽퍽하다는 시식평이 많았다. 현재 마크 포스트가 공동 창업한 모사미트는 제대로 된 고기 맛을 구현하기 위해 지방과 미오글로빈을 만드는 연구를 진행 중이다.

대체육과 마찬가지로 배양육이 고기와 경쟁하기 위해서는 단가를 낮추는 것이 중요한 문제다. 2013년에 비하면 배양육 패티의 가격이 3억 원에서 10만 원 수준으로 크게 낮아졌으나 여전히 너무 비싸다. 배양육의 단가를 좌우하는 것은 배양액이다. 배양액은 세포가 성장하기에 알맞은 영양분, 성장인자, 호르몬 등을 제공하는 것으로 세포의 증식에 아주 중요한 요소다.

2013년 공개된 배양육에는 소태아혈청이 배양액으로 쓰였는데, 이 혈청을 구하려면 태어나지 않은 소를 죽인 다음 심장에서 피를 빼내야 한다. 생산량도 적은데다 값도 비싸고 친환경,

동물복지라는 대체육의 취지에도 맞지 않는다. 실험실에서 세포를 배양해 고기나 유제품을 생산하는 것이 기존의 축산업보다는 환경오염이 덜하겠지만 가축에서 배양액을 얻는 이상 생산량이 늘어나면 결국 도축이 많아질 수밖에 없다.

가축을 대신해 비동물성 소재인 녹조류, 버섯 추출물, 비타민 등을 이용해 배양액을 만드는 연구가 진행 중이다. 배양육으로 삼겹살과 베이컨을 만드는 데 성공한 영국의 하이어 스테이크는 소태아혈청이 아닌 비동물성 배양액을 사용하는데, 제조 비용이 1킬로그램당 수백만 원을 호가해 아직까지는 시장 진출이 요원하다.

이스라엘의 리디파인미트는 3D 프린터로 인공육을 출력하는 방식으로 아예 고기의 개념을 바꾸려고 한다. 고기의 품질을 좌우하는 요소들을 분석해 고기의 결, 마블링, 육즙 등 70여 개 이상의 변수로 구성된 고기의 디지털 지도를 만들었다. 고기를 구성하는 근육, 지방, 혈액을 대체하는 식물성 성분을 3개의 카트리지에 각각 담아서 원하는 고기를 3D 프린터로 출력하는 방식이다. 가장 놀라운 점은 기존의 대체육이 패티, 소시지, 치킨 너겟처럼 다진 고기 형태로 만든 것이라면 3D 프린팅 고기는 스테이크같이 복잡한 구조를 그대로 만들 수 있으며 하나의 프린터로 맛과 향, 질감이 다른 여러 가지 고기를 출력할 수 있다.

스페인의 노바미트는 한술 더 떠 캡슐커피머신처럼 3D 프린터를 저렴하게 공급하고 대체육의 원료를 캡슐에 넣어 주력

가정에서 저렴하고 간편하게 언제든지 깨끗한 고기를 만들어
먹을 수 있는 날이 머지않았다.

상품으로 판매하는 전략을 세웠다. 완두콩, 쌀, 해초 등에서 추
출한 식물성 단백질을 캡슐에 담아 고기 머신에 넣으면 0.1밀리
미터에서 0.5밀리미터로 얇게 뽑아 층층이 쌓아올리는 미세압
출법으로 식감이 완벽하게 재현된 고기가 완성된다. 2018년 첫
시제품으로 50그램짜리 스테이크를 만들었는데 비용도 2000원
정도로 가격 경쟁력이 뛰어나다. 이미 스테이크와 닭다리를 출
력하는 3D 프린터 시제품을 개발했고 앞으로는 연어, 양고기,
돼지고기 등을 만들어 캡슐을 다양화할 계획이다.

몇 년 안에 우리는 주방에 비치된 3D 프린터에 단백질 카트리지나 캡슐을 넣고 고기를 출력해 먹는 세상에 살게 될 것이다. 치아가 약한 사람은 연한 고기를 뽑아내고 향을 넣고 싶은 사람은 원하는 대로 추가할 수 있다. 실제 고기에 버금가는 식감과 영양까지 고려한 대체육은 우리의 식생활을 확연히 바꿔놓을 것이다.

곤충을 먹는 방법

우리의 식탁에 오르게 될 또 다른 미래 식량 후보가 있다. 단백질 공급 측면에서 육류를 대신할 최적의 대체품으로 평가받고 있어 영양학적으로 대적할 만한 상대가 없는 식용 곤충이다. 곤충은 영양학적으로 훌륭할 뿐만 아니라, 고단백 식품인 소고기와 비교해도 단백질 공급원으로 손색이 없으며 사육 방법이 효율적이라 부가가치가 높다. 단백질 덩어리인 곤충은 좁은 공간에서도 사육하기 좋고 대단한 기술이 필요하지 않기 때문에 저자본 투자로 곤충 식품 생산이 가능하다. 또한 강한 번식력으로 단시간에 대량생산이 가능하며 같은 양의 사료로 소보다 6배, 양보다 4배, 돼지나 닭보다 2배 이상 많은 단백질을 얻을 수 있다.

또한 소고기를 생산하는 것보다 무려 34배나 더 적은 온실

네덜란드의 대형 슈퍼마켓에서는 매년 핼러윈이 다가오면 귀뚜
라미 초콜릿과 귀뚜라미 막대사탕이 3000개 정도씩 팔린다.

가스를 배출하고 음식물 쓰레기를 곤충 배양에 재사용할 수 있
기 때문에 현재 발생하는 음식물 쓰레기의 3분의 1을 줄일 수 있
다. 이렇게 환경에도 이로운 식용 곤충은 언제든지 일어날 수 있
는 식량 문제를 해결할 가장 경제적이면서 지속가능한 미래 식
량으로 손꼽힌다.

　　낙농업이 발달한 네덜란드는 지속가능한 식량 개발에 초점
을 맞추고 미래의 먹거리 연구를 선도하고 있다. 네덜란드의 와
게닝겐대학은 2010년부터 정부의 지원을 받아 '인간 소비를 위
한 지속가능한 곤충 단백질 생산'을 목표로 식용 곤충을 식량화
하는 프로젝트를 진행 중이다. 현재까지 2000종류가 넘는 식용

곤충을 수집해 안정성 조사를 하고 식품으로 개발하고 있다.

네덜란드에서 식용 곤충을 찾는 것은 어려운 일이 아니다. 식료품을 파는 대형 슈퍼마켓에는 다양한 식재료들과 함께 식용 곤충을 진열하고 판매한다. 대부분 통째로 동결건조된 형태인데 보통은 요리를 할 때 식재료로 쓰이기도 하고 자연식 그대로 먹어도 무방하다. 튀기면 바삭하니 맛도 좋기 때문에 샐러드에 넣어 먹거나 초콜릿과 함께 먹기도 한다.

국내에서도 지난 몇 년간 식용 곤충에 대한 연구가 활발히 진행되었다. 국립농업과학원에서는 충분한 안정성 검증을 통해 지금까지 모두 7종의 식용 곤충을 식품 원료로 인정했다. 식용 곤충에는 귀뚜라미나 벼메뚜기 같은 성충 외에 흰점박이꽃무지나 갈색거저리 유충도 포함된다. 식용 곤충은 영양학적으로 봤을 때 완전식품에 가깝지만 소비자들에게는 곤충을 먹는다는 것이 여전히 낯설고 거북한 일이다. 국립농업과학원은 거부감을 낮춘 제품의 시식회 등을 꾸준히 이어오며 곤충이 훌륭한 먹거리라는 것을 알리기 위해 힘써왔다.

인식을 바꾸는 것은 어려운 일이나 불가능하지는 않다. 농촌진흥청 산하 연구팀은 흰점박이꽃무지 유충에서 인돌알칼로이드라는 항혈전 치료제 개발 물질을 찾아냈다. 정상적인 쥐와 달리 혈전증이 유도된 쥐는 꼬리 부분이 검게 변하는데 쥐의 꼬리에 인돌알칼로이드를 투여하면 이틀 만에 꼬리의 색이 정상적으로 회복된다. 흰점박이꽃무지 유충의 추출물은 혈전의 크

곤충을 갈아 넣어 곤충의 형태가 보이지 않
도록 한 쿠키는 거부감이 덜해 사람들에게
인기가 많다.

기와 생성을 50퍼센트 정도 억제하는 것으로 나타났다. 식용 곤
충이라고 하면 지레 인상을 찌푸리는 사람들도 유충의 특정 성
분이 혈전을 제거하고 혈액순환에 도움을 준다는 효능을 알면
혐오식품이 아닌 건강식품으로 바라보게 된다. 과거에는 돼지
껍질을 혐오식품으로 여기는 사람이 많았으나 껍질에 콜라겐이
풍부하게 들어 있어 피부 미용과 성장에 도움을 준다는 것이 알
려지면서 이제는 애호식품이 된 것처럼 말이다.

　국내에도 곤충 식품을 파는 카페가 있다. 겉보기에는 커피
나 음료를 파는 보통 카페와 다름없어 보이지만 일반적인 음료
와 함께 곤충 식재료로 만든 쿠키와 샌드위치 그리고 곤충 음료
를 판매한다. 곤충 제품을 주문하는 사람이 많지는 않지만 곤충
으로 만든 음식을 판매한다는 것을 불편해하는 사람들이 확실
히 줄었다. 판매자들은 곤충을 먹어보지 않고 손사래를 치는 사

람들은 있어도 막상 곤충으로 만든 쿠키나 음료를 먹어보고 싶어하는 사람은 거의 없다고 한다. 갈색거저리 유충 500마리를 갈아 만든 셰이크와 일반적인 밀크셰이크의 블라인드 테스트 결과 참가자들은 곤충 셰이크가 포만감이 높고 건강한 맛이어서 식사대용으로 괜찮다며 긍정적으로 평가했다. 곤충의 형태를 드러내지 않는 단백질바나 시리얼, 분말제형을 활용한 식품을 만든다면 건강과 환경에 대한 인식이 높아진 소비자들의 마음을 사로잡을 수 있을 것이다.

맛과 건강, 환경까지 잡은 식용 곤충은 적은 양의 물과 사료를 사용해 많은 양의 칼로리를 얻을 수 있기 때문에 앞으로 다가올 우주 개척 시대에 매우 효과적인 고단백 식재료로 주목받는다. 중국, 일본, 미국에서는 우주정거장에서 식용 곤충을 음식으로 활용하는 것을 검토 중이다.

최근 들어 식용 곤충을 가축 또는 반려동물의 단백질 공급원으로 활용하는 방안도 검토하고 있다. 특히 반려견의 알레르기를 유발하는 원인 물질의 30퍼센트 정도가 소고기다. 이를 대신해 식용 곤충으로 만든 반려견 사료가 국내에서 출시되기도 했다.

이미 세계적으로 식용 곤충 시장은 급속도로 성장하고 있으며, 시장 분석가들은 2~3년 내에 10억 달러 이상의 규모로 확대될 것이라 예상한다. 국토 면적이 좁은데 인구밀도는 높고 식량자급률마저 낮은 우리나라의 경우 식용 곤충을 미래의 먹거리로 활용하는 방안을 더욱 적극적으로 검토할 필요가 있다.

유전자가위 녹색혁명

　　지금까지 육류 생산과 단백질 공급의 측면에서 미래 식량의 대안을 살펴보았다. 그런데 축산업만큼이나 농업의 미래도 밝지 않다. 인구 증가와 도시화로 경작지는 점점 줄어들고 생산되는 곡물의 절반 이상을 가축 먹이는 데 사용하며 식량을 독점한 곡물 메이저 기업들의 횡포까지 우려되는 가운데 지구온난화와 이상기후로 작물 생산성이 점점 감소하기 때문이다.

　　위기를 극복할 방법은 있다. 기후변화와 상관없이 농작물을 키울 수 있는 새로운 농업시스템을 만들거나 품종개량을 통해 생산성이 높고 온난화에도 적응할 새로운 작물을 만드는 것이다. 이와 같은 품종을 과학기술로 개량해 획기적으로 식량 생산을 증대하는 것을 녹색혁명이라고 한다. 우리는 빠르고 정확하게 품종개량을 할 수 있는 생명의 편집도구, 유전자가위기술을 손에 쥐고 있다. 과연 인간은 이 기술을 바탕으로 1만 년 전 농업혁명에 성공했던 것처럼 녹색혁명을 일으킬 수 있을까?

　　2016년 스웨덴 식물유전학자 스테판 얀센 교수는 크리스퍼 유전자가위로 편집한 양배추를 경작한 뒤 이를 먹었다고 자신의 블로그에 공개했다. 크리스퍼 유전자가위로 편집한 식물을 먹은 최초의 사례였기에 큰 화제가 되었는데, 사실 유전자가위를 이용해 유전자 편집 식물을 만드는 데 성공한 것은 우리나라가 먼저였다. 2015년 서울대 생명과학부 교수 최성화 연구팀은 유전자를 편집한 상추를 키우는 데 성공했다.

식물에는 브라시노스테로이드라는 생장호르몬이 있다. 식물의 생장을 촉진하고 환경 스트레스에 대한 내성을 길러주는 역할을 한다. 그런데 이 호르몬을 억제하는 것이 BIN2라는 유전자다. 브라시노스테로이드가 억제되면 식물은 제대로 자라지 못한다. 연구팀은 이 BIN2 유전자를 제거한 상추를 만들었다. 이 상추가 더 큰 의미를 가지는 것은 크리스퍼 유전자가위를 이용해서 유전자를 편집했기 때문이다.

크리스퍼 유전자가위는 DNA를 잘라내는 제한 효소인 캐스9^{Cas9} 단백질과 교정이 필요한 DNA를 찾아내는 가이드 RNA^{gRNA}로 구성되어 있다. 가이드 RNA가 교정을 목표로 하는 DNA 염기서열을 찾아 달라붙으면 캐스9 단백질이 그 부위만 잘라내 문제의 유전자를 원하는 유전자로 바꿀 수 있다.

그동안의 유전자변형 식물^{GMO}은 외래 유전자를 식물의 원래 유전자와 재조합해서 새로운 품종의 식물을 만들어내는 것이었다. 이와 달리 크리스퍼 유전자가위로 편집한 품종은 원래의 DNA에서 잘못된 부분을 교정한 것이므로 품종이 달라지지 않아 유전자가위를 연구하는 과학자들은 유전자가위로 만든 작물이 기존의 GMO와 같은 규제를 받아서는 안 된다고 주장한다. 정말 그럴까?

인간이 가진 30억 개의 염기 중에 실제로 단백질을 만드는 기능을 수행하는 유전자는 2만 개 정도로 겨우 전체의 2퍼센트

2020년 제니퍼 다우드나와 에마뉘엘 샤르팡티에는 크리스퍼 캐스9을
발견한 공로로 노벨화학상을 수상했다. 두 사람이 발견한 유전자가위
는 생명체의 유전자 암호를 편집해서 진화의 방향을 바꿔놓을 수 있는
만능도구였다.

밖에 되지 않는다. 나머지 98퍼센트는 단백질을 만드는 역할을 수행하지는 않기 때문에 정크 DNA라고 부르는데 그중 80퍼센트 정도는 우리가 잘 알지 못하는 어떤 기능을 수행할 수도 있는 것으로 밝혀졌다. 쓸모없어 보이는 이런 비암호화 DNA도 유전자의 스위치 역할을 하면서 특정 유전자 발현에 관여하는 것으로 나타났지만 우리는 아직도 정확히 어떤 유전자가 어떤 유전자와 어떤 식으로 상호작용을 하는지 잘 알지 못한다. 그런 차원에서 외래 유전자를 재조합한 GMO는 어떤 부작용이 일어날지 알 수 없기 때문에 논란이 되고 있다.

특히 우리나라는 전 세계에서 식용 GMO를 가장 많이 수입한다. 2019년 식품의약품안전처가 조사한 GMO 농산물 수입 현황에 따르면 식용 GMO만 213만 5927톤으로 수입한 콩의 77.5퍼센트, 옥수수의 48.6퍼센트, 유채의 11.7퍼센트가 GMO 농산물이다. 가축 사료의 70~80퍼센트에 GMO 농산물이 쓰이며 식용유도 만들고 옥수수, 전분, 물엿, 장류를 포함한 각종 식품을 제조해서 판매한다. 하지만 이 사료를 먹고 자란 가축이나 제품 어디에도 원재료의 GMO 표시가 없으니 소비자는 GMO를 먹었는지 알 길이 없다.

근본적으로 원리를 따져보면 병충해를 줄이기 위해 농작물을 인위적으로 교배해 품종을 개량한 육종이나 GMO, 유전자 편집 작물은 모두 부작용을 무릅쓰고 유전자를 개량했다는 점에서 크게 다르지 않다. 다만 육종으로 품종을 개량하려면 시간이

우리가 매일 사용하는 식용유나 간장, 두부 등의 원재료는 대두다. 수입 대두의 대부분이 GMO인데 이를 재료로 만든 제품에는 GMO 표시에 대한 규정이 허술해 소비자는 GMO인지 알 길이 없다.

아주 오래 걸리기 때문에 그 과정에서 자연스럽게 안전성을 검증할 수 있으나, GMO나 유전자 편집 작물은 이 기술을 적용한 기간이 짧아서 장기적으로 먹었을 때 몸에 어떤 현상이 일어날지 아직 모른다는 차이가 있다.

유전자가위기술은 GMO와 비교했을 때 상대적으로 좁은 범위에서 유전자를 변형시키기 때문에 부작용이 덜할 것으로 예상한다. 물론 유전자가위도 완벽하지 않기 때문에 의도하지 않은 곳을 절단하거나 변이를 일으킬 수 있고 표적지점을 정확히 잘라내도 DNA 복구 과정에서 염기서열 결실, 삽입, 재배열과 같은 변이들이 무작위로 일어날 수 있기 때문에 충분한 데이터가 쌓이기 전에 속단해서는 안 된다. 그렇다면 이미 우리의 일상에 깊숙하게 파고든 GMO나 유전자 편집 작물을 기피할 수 있는 방법은 있을까?

현실적으로 우리나라는 곡물자급률이 낮아서 GMO를 피해서 곡물을 수입하는 것이 불가능하다. 지난 20년간 우리 정부는 GMO 농산물의 안정성에 대해 과학적 검증(PCR 검사)과 생산국에서 공인한 안전성 평가자료를 까다롭게 심사해서 안전이 입증된 농산물만 수입을 허락하고 있다. 하지만 소비자들은 GMO 표시 예외조항을 없애고 GMO 완전표시제를 통해 '내가 먹는 식품을 선택할 권리'를 보장하라고 요구했지만 정부는 당장 이를 수용하기는 어렵다는 입장을 설명했다.

GMO 표시를 요구하는 것은 결국 더 비싼 Non-GMO 농산물에 대한 수요로 이어지기 때문에 물가가 인상된다. 또 GMO를 재배하지 않는 전통농작물을 비롯해 기성 제품에 GMO 검사를 해서 표시하는 비용이 추가되면 가격이 오를 수밖에 없다. 그런 비용 부담을 안을 만큼 GMO가 위해하다는 증거가 없다는 쪽과 유해함이 명백히 드러났다는 쪽이 격렬하게 대립하고 있다. 어찌 보면 이런 논란이 곧 안전성을 확신하지 못하는 증거이

해외 수입품에서 볼 수 있는 'Non-GMO'나 'GMO FREE'
마크를 국내 제품에서도 볼 수 있게 되었다. GMO가 아닌 것
은 알 수 있지만, 여전히 수입산 GMO 농산물을 먹이고 사용
한 식품은 알 수 없다.

기도 하다. 결국 2021년 식품의약품안전처에서는 소비자의 알
권리를 보장하고 선택권을 넓히기 위해 Non-GMO를 강조해
표시할 수 있는 기준을 마련하기로 했다.

 GMO에 대한 반대 여론이 높은 데에 반해 유전자가위 기술
을 활용한 분자 육종은 벌써 세계적인 추세로 자리잡았다. 원광
대 생명과학부 교수 박순주 연구팀은 유전자가위를 이용해 토
마토의 개화 속도를 빠르게 하고 과실 생산을 촉진시키는 방법
을 개발했다. 야생 토마토 연구를 통해 SP5G라는 유전자가 꽃이
피는 시기를 지연시킨다는 사실을 알아내 유전자가위로 이 유

전자를 제거했다. 그러자 일반 토마토보다 돌연변이가 유발된 토마토에서 꽃이 훨씬 더 빨리 핀다는 사실을 확인했다. 꽃이 피는 시기는 수확량과 직결된다. 연구팀은 개화 시기를 앞당겨 재배 기간을 일반 토마토보다 2주 정도 단축한 다수확성 토마토를 탄생시켰다.

농업의 지속가능성은 더 적은 양의 자원을 사용해 더 빨리 많은 농작물을 재배하는 생산성에 달려 있다. 그러기 위해서는 식물이 자라는 데 필요한 물, 땅, 영양뿐만 아니라 일조량, 온도 등 환경적인 변화에 대응할 수 있는 방법을 마련해야 한다. 또한 그 방법은 소규모 농가나 도시의 식물공장에서 활용할 수 있는 것이어야 한다.

크리스퍼 유전자가위기술은 단순한 품종개량을 넘어 생명을 설계하고 창조할 수 있는 강력하고 정교한 기술임에도 불구하고 인터넷으로 유전자 편집 키트를 주문해서 해볼 수 있을 정도로 쉽게 사용할 수 있다. 워낙 활용도가 높기 때문에 생산성과 품질을 개량한 새로운 품종에 대한 유용하고 흥미로운 성과들이 속속 전해지고 있다. 유전자가위기술이 새로운 육종기술이 될지 아니면 GMO의 전철을 밟을지 아직은 미지수지만 녹색혁명을 향해 큰 걸음을 내딛었다는 것만은 분명하다.

도시의 식물공장

지구온난화는 환경변화에 대응하는 새로운 품종 개발과 더불어 농작물의 새로운 재배 방식을 요구한다. 그 대안으로 떠오른 것이 식물공장이다. 식물공장은 빛, 온도, 습도, 이산화탄소 농도 등 작물재배에 알맞은 조건을 자동화시스템으로 유지한다.

수경재배를 하면 토양에서 딸려오는 병원균이나 해충의 유입을 막을 수 있어 농약을 사용할 필요가 없다. 수경재배란 토양 없이 물을 사용해서 작물을 재배하는 방법을 말하는데, 작물이 뿌리를 내릴 수 있는 지지대와 필요한 영양소만 공급해주면 식물이 잘 자라긴 하지만 여전히 많은 양의 물이 필요하다는 단점이 있다.

그래서 등장한 것이 분무식 재배시스템이다. 특수 제작된 천 위에 작물을 키우기 때문에 일반 농사보다 물을 95퍼센트 더 적게 사용하고 수경재배보다는 40퍼센트 더 적은 양의 물을 사용한다. 공중에 매달려 있는 작물의 뿌리가 공기에 항상 노출되어 있어 성장도 빠르고 수분과 영양분은 자동화된 분무기로 공급하기 때문에 간편하다. 또한 아파트처럼 층층이 쌓아올릴 수 있기 때문에 단위 면적당 생산량을 400배 이상 끌어올릴 수 있다.

식물공장의 가장 큰 특징은 햇빛 대신 LED 광원을 쓴다는 것이다. LED 색상을 어떻게 조합하느냐에 따라 식물의 성장속

식물공장에서는 빛, 온도, 습도, 이산화탄소 농도, 영양분 등을 인공적으로 제어해 품질이 항상 일정한 결과물을 얻을 수 있다.

도와 성분을 조절할 수 있다. 식물 광합성에 유용한 파장대가 적색파장과 청색파장이기 때문에 보통 이 두 가지 파장을 사용한다. 적색파장은 식물을 빨리 자라거나 옆으로 넓게 퍼져 자라게 하지만, 청색파장은 식물을 위로 자라게 하는 경향이 있기 때문에 작물에 따라서 파장의 비율을 조절해서 재배한다. 식물공장은 외부 환경과 상관없이 작물을 키울 수 있어 공산품처럼 계획 생산이 가능하다. 지구온난화의 영향으로 작물의 식생 조건이 달라지더라도 식물공장은 맞춤 환경을 조성해서 의도한 대로 식물을 생산할 수 있다.

국제성모병원의 식물공장. 매일 병원에 공급할 수요량이 정해져 있는 만큼 반드시 적정량을 꾸준히 생산해야 한다. 3~4일에 한 번씩 채소를 수확하는데 여기서 자란 채소들은 언제나 품질이 균일하다. 식물에 영향을 주는 모든 환경은 컴퓨터로 관리하며 사계절 내내 한결같은 시스템이 유지되기 때문이다.

인천광역시 서구에 위치한 국제성모병원 건물에 식물공장이 들어섰다. 환자들에게 무공해 채소를 공급해 건강을 회복하는 데 도움을 주겠다는 취지에서다. 식물공장의 장점은 채소가 가진 성분을 극대화할 수 있다는 것이다. 예를 들어 상추에 들어 있는 락투카리움이라는 성분을 극대화해서 수면이 부족한 환자에게 상추를 보급하면 노지에 있는 채소나 일반 상추보다 더 깨끗하고 성분이 증진된 채소를 섭취할 수 있다. 식물공장에서 자란 채소는 토양에서 자란 채소와는 달리 섬유질이 적고 조직이

연한 편이다. 따라서 소화기능이 떨어지는 환자나 노약자들이 섭취하기 좋다. 농약을 쓰지 않아 건강에도 좋고 신선하다. 앞으로 재배환경을 조절하는 기술이 완벽해질수록 우리 식탁은 더 안전하고 건강한 농산물로 채워질 것이다.

미래의 우리 식탁에 오를 음식은 모양과 형태에서는 지금과 크게 다르지 않을 테지만, 식재료의 종류와 그 재료를 생산하는 방식은 변할 것이다. 유전자 편집으로 글루텐을 없앤 밀가루 빵 사이에 식용 곤충의 단백질 카트리지를 장착한 3D 프린터로 출력한 소고기 패티를 넣고 식물공장에서 방금 따온 상추와 토마토를 올린 다음 줄기세포를 배양해 키운 베이컨과 식물성 단백질로 배양한 치즈를 올린 햄버거를 떠올려보자. 물론 맛도 기대 이상일 것이다.

CHAPTER 5

달로 가는 신골드러시

우주 자원전쟁

달 토지를 팝니다

달은 우리에게 가장 친근한 천체다. 태양과 지구, 달의 상대적 위치에 따라 태양빛을 반사하는 달 표면의 각도가 변하기 때문에 매일 밤하늘을 봐도 달의 모습은 매번 새롭다. 대기가 맑고 깨끗한 초겨울은 달 사진을 찍기 좋은 계절이다. 그렇다면 달에서 바라본 지구의 모습은 어떨까? 1968년 아폴로 8호가 달 궤도에서 찍은 지구 사진 '어스라이즈Earthrise'를 보내왔다. 대기가 없는 달에서 바라본 지구의 모습은 하얀 마블링이 뚜렷하게 새겨진 푸른 행성이었다.

지구의 밤하늘은 우주를 관측하기에 적합하지 않지만, 달에서 관측한 지구는 무엇에도 가려지지 않은 선명한 모습이다. 지구상에 발붙이고 우주를 탐색하던 천문학자들은 먼 곳에 있

"우주의 암흑 속에서 빛나는 푸른 보석, 그것이 지구였다."

-제임스 어윈

는 천체의 희미한 빛을 가로막는 대기권 바깥에서 관측하는 방법을 모색했다. 1990년 우주망원경 허블이 고도 559킬로미터의 궤도에서 다양한 천체 사진을 촬영하면서 인류는 우주에 대해 많은 것을 알게 되었다.

이제 천문학자들은 달에서 우주를 관측하는 날이 오기를 기대한다. 실제로 달에 우주기지를 만드는 계획은 조금씩 현실화되고 있다. 유럽 우주국은 달의 남극, 영구동토 지역에 '문 빌리지Moon Village'라는 달 기지 건설 계획을 실행에 옮기고 있다. 이들의 목표는 단지 달을 우주로 가는 관문으로 삼겠다는 것이 아니다. 달을 바라보는 사람들의 시선이 달라지고 있다.

달에 대한 인식이 달라졌음을 보여주는 흥미로운 일화가 있다. 달 토지를 파는 회사가 나타난 것이다. 미국의 우주 부동산회사 루나 엠버시는 1980년부터 전 세계 고객들에게 달 토지를 팔아 엄청난 수입을 올렸다. 이 회사로부터 땅을 산 사람과 기업은 500만 명이 넘고 달 토지 소유자 중에는 미국 전직 대통령도 3명이나 있다. 로널드 레이건, 지미 카터, 조지 W. 부시가 바로 이 회사로부터 땅을 구매한 고객이다.

달이 그 누구의 소유가 될 수 있다는 상상을 해본 적도 없고, 파는 사람이나 사는 사람이나 황당하기 이를 데 없지만, 정말 이들이 터무니없는 사기를 치는 것일까? 이 회사의 사업 아이디어에는 누구도 관심을 갖지 않았던 우주개발의 사각지대를 정확히 노린 치밀한 전략이 숨어 있다.

1980년부터 달 토지를 파는 루나 엠버시의 대표 데니스 호프. 이 지도는 전 세계 고객들에게 판매한 달 토지의 소유자를 표시한 것이다. 빨간색으로 표시된 구역은 이미 팔린 곳이고 빨간색을 제외한 나머지가 전부 이 사람의 땅이다.

      루나 엠버시의 대표 데니스 호프는 1980년 샌프란시스코 지방법원에 달을 포함해 태양계 모든 행성과 위성에 대한 소유권을 주장하는 소송을 제기했다. 당시 우주공간에 대한 국제규범은 UN이 정한 우주조약이 유일했다. 미국과 소련의 우주 경쟁이 가열되면서 1967년에 우주조약이 만들어졌는데 어떤 정부나 기관도 소유권을 주장할 수 없다는 것이 이 조약의 핵심이다. 따라서 어떤 정부도 달 토지를 소유할 수도 없고 통제할 수도 없다. 하지만 사적 소유에 대해서는 아무런 규정을 두고 있지 않으

"사랑하는 사람에게 달나라를 선물할 수 있는 기회! 이제 여러
분도 달의 땅에 주인이 될 수 있습니다!" - 루나 엠버시 코리아

니 민간기업이나 개인의 재산적 권리 행사를 막을 수는 없다는
것이 데니스 호프의 주장이다.

막무가내 주장인 듯했으나 법원은 관련 규정이 없다는 이
유로 그의 손을 들어주었다. 정부의 소유권만 배제한 우주조약
의 허점을 파고든 것이 유효했다. 이 판결을 근거로 그는 UN에
까지 자신이 달의 소유권자임을 천명한 후, 원하는 사람에게 판
매하겠다며 달 토지를 매물로 내놓았다. 그렇다고 땅을 비싸게
파는 것도 아니다. 무조건 4000제곱미터당 '3만 5000원' 정도
고, 아폴로 11호가 착륙한 지점에서 약 16킬로미터 떨어진 지
역만 2배 정도 가격이 비싸다. 달 토지를 구매한 고객에게는 소

유권을 증명하는 달 토지 소유 증서와 소유지권을 알 수 있는 달 토지 지도가 제공된다.

과연 이 증서가 법적 효력이 있을까? 아직까지 UN이나 미국 정부로부터 특별한 제재나 규제를 받지는 않았지만 이렇게 거래한 증서가 법적 지위를 갖기는 어렵다. 국제법은 국가 간의 합의를 통해 명시한 관습법으로 개인에게 법률적인 당사자 지위를 인정하는 경우가 매우 드물기(아예 없는 것은 아니다) 때문이다. 달의 소유권을 먼저 독점하고 이를 판매한다는 발상은 기발하지만 고객 입장에서는 비용을 지불했다고 해서 법적으로 그 소유권을 인정받기란 불가능에 가까웠다.

그런데 2015년 미국 정부가 민간기업의 우주 광물 채취를 법적으로 허가하면서 분위기가 묘해졌다. 미국의 '상업적우주발사경쟁력법'은 민간기업이나 개인이 우주로 갈 수 있는 기회를 열어주고 소행성이나 우주 천체로부터 채굴된 자원의 재산적 권리를 법적으로 인정해준다. 루나 엠버시처럼 달의 토지 소유권을 통째로 가질 수는 없지만 적어도 우주 천체로부터 채굴한 우주 자원의 사적 소유를 인정받게 된 것이다. 그래서 이 법을 '우주의 홈스테드법Homestead Act'이라고 부른다.

홈스테드법은 미국 내전이 한창이었던 1862년에 제정된 자영농지법으로 5년간 일정한 토지에 거주해 개척한 이주민에게는 국가가 160에이커(약 65만 제곱미터, 약 20만 평)의 토지를 무상으로 제공한다는 내용이다. 상업적우주발사경쟁력법은 홈스

1862년 미국의 대통령 에이브러햄 링컨은 황무지였던 서부 개척을 장려하기 위해 홈스테드법을 제정했고, 이를 계기로 서부 개척시대가 열리기 시작했다.

테드법과 달리 우주 천체의 소유권을 국가가 가지지 않으므로 국가 주권이 완전히 배제된 상황에서 민간기업이나 개인이 알아서 개발을 하고 그 과정에서 나오는 자원의 소유권을 국가가 보장하는 식이다. 누구든지 우주에 나가 자원을 캐낼 자본과 기술을 가지고 있으면 마음껏 채굴을 해서 천문학적인 돈을 벌어들일 수 있는 우주 자원 시대가 개막한 것이다.

군사 외교전에서 자원전쟁으로

지금으로부터 52년 전 세계의 눈과 귀가 미국 플로리다로 향했다. 전 세계 인구의 3분의 1이 생중계로 아폴로 11호 발사를 지켜봤고 결과는 성공적이었다. 인류가 달에 첫발을 내딛은 위대한 사건이었지만, 그 뒤 수십 년간 달탐사는 맥이 끊겼다. 인류는 지난 50여 년간 왜 달에 가지 않았을까?

당시에는 미국과 구소련의 냉전 구도 때문에 우주를 향한

아폴로 11호는 인류 최초로 달에 착륙한 유인 우주선이다. 1969년 7월 20일 닐 암스트롱과 버즈 올드린은 달에 발을 내딛은 최초의 인류가 되었다.

탐사가 경쟁적으로 벌어졌다. 그 시대에 인류가 달에 간다는 것은 굉장히 위험한 도전이었다. 애국심과 국가에 대한 충성심으로 목숨을 걸고 임무에 나선 사람들에게는 그에 상응하는 명예와 보상이 뒤따랐다. 하지만 아폴로 11호가 최초로 달 착륙에 성공하고 인간이 달에 갔다는 상징적인 의미를 거둔 다음에는 몇 차례 더 달 착륙과 탐사가 이루어졌지만 막대한 예산을 들여 위험한 프로젝트를 지속하는 실리적인 명분을 제시하지 못했다.

달에서 무엇을 해야 할지, 무엇을 얻을 수 있을지에 대한 뚜렷한 목적과 비전이 상실되고 미소 냉전의 종식과 함께 세계의 구도 개편이 일어나면서 우주 개척 시대는 대중의 관심에서 멀어졌다. 그렇게 50여 년이 지난 지금, 다시 인류의 관심이 달로 향하고 있다. 바로 달에 있는 어마어마한 양의 백금, 티타늄, 희토류, 헬륨3 등의 희귀 자원 때문이다.

인간의 역사는 주 에너지를 얻는 자원의 변화에 따라 혁명적인 시대 변화가 일어났다. 에너지원이 인간의 역사를 움직였다고 해도 과언이 아니다. 공동체가 형성되고 인구가 증가함에 따라 한정된 자원을 두고 경쟁하는 일이 잦아졌다. 자연 상태로 존재하던 자원은 어느새 소수의 개인이나 특정 국가의 소유물로 변했고, 어떤 자원을 얼마나 소유하느냐에 따라 부와 권력을 가질 수 있었다.

18세기에 증기기관이 발명되면서 나무에서 석탄으로 에너지 전환이 이루어졌고 산업화의 발판이 마련되었다. 19세기 영

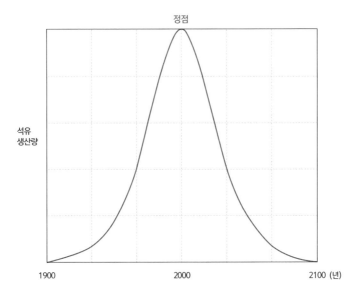

정점

석유
생산량

1900   2000   2100 (년)

허버트의 정점 가설을 그래프로 그려보면 처음에는 석유 생산
량이 늘어나다가 정점에 다다르고 나서 생산량이 줄어드는 종
모양의 곡선을 그린다. 채굴기술의 발전으로 석유 정점의 시기
가 늦춰졌지만 석유 고갈은 피할 수 없는 미래다.

국은 석탄을 발판으로 성장할 수 있었고 20세기 미국은 석유를
선점하며 세계 강대국의 입지를 다졌다.

  석유를 본격적으로 사용한 시기는 1913년 헨리 포드가 컨
베이어벨트 기반의 자동화 생산시스템을 만들어 저렴한 가격의
자동차를 대량으로 찍어내면서부터다. 석유는 이내 핵심 에너
지원으로 자리를 잡았고 휘발유, 경유와 같은 연료, 합성섬유, 비

료, 농약, 의류, 화장품 등 거의 모든 곳에 사용된다. 1900년대 초만 해도 겨우 등불을 밝히는 데 쓰던 석유가 지금은 전 세계 에너지 공급원의 31.6퍼센트를 차지한다.

하지만 석유는 대표적인 비재생자원이다. 자연이 석유를 생산하는 것보다 인간이 소비하는 속도가 훨씬 더 빠르기 때문에 쓸 수 있는 석유는 언젠가 바닥이 난다(매장된 석유가 많이 남았다고 해도 채산성이 떨어지면 쓸 수 있는 석유가 아니다). 1956년 미국의 지질학자 매리언 킹 허버트는 석유 생산량이 꾸준히 증가해 정점에 다다르면 그 이후 생산량이 급격히 줄어들면서 세계적으로 심각한 에너지난이 벌어질 거라는 정점 가설Peak oil을 발표했다. 그는 석유 매장량의 절반 이상을 채굴할 무렵 석유 생산량이 정점에 도달할 것으로 예상하고 1970년 미국의 48개 유전에서 석유 생산량이 정점에 도달할 것이라고 주장했다(석유 채굴기술의 발전으로 정점 시기는 2000년으로 늦춰졌다).

석유 생산량이 줄어들면 유가가 폭등하거나 석유 분쟁으로 세계적인 불황이 닥칠 수 있다. 특히 석유 생산국들은 자국의 수요를 먼저 충당하기 위해 수출량을 줄일 수밖에 없고 우리나라와 같은 석유 수입국들은 그 피해를 고스란히 떠안아야 한다. 채굴기술의 발전으로 석유 정점의 시기가 늦춰졌지만 오일샌드나 셰일가스에서 원유를 추출하고 가공하는 과정에서 상당한 양의 이산화탄소가 배출된다. 더 이상 기후변화를 담보로 석유 정점 시기를 늦추는 것을 지켜만 보고 있을 수는 없다. 화석연료의 시대가 저물고 지속가능한 그린에너지로의 전환은 이미 빠르게 진행되고 있다.

거대 석유기업들조차도 2차 전지와 재생에너지 기반의 산업 전환을 꾀하며 세계 각국은 화석연료를 대체할 녹색광물 수급에 사활을 걸고 있다. 2차 전지에 들어가는 리튬과 코발트, 풍력발전과 전기차 고효율 모터의 영구자석에 사용되는 희토류, 태양전지의 갈륨과 텔루륨 등이 대표적인 녹색광물이다. 특히 스칸듐, 이트륨, 란타넘 등 17개의 희귀 원소를 지칭하는 희토류는 열전도성이 좋고 화학적으로도 안정적이기 때문에 그린에너지의 핵심 원료로 스마트폰을 비롯한 전자제품, 가전제품, 반도체 등 사용되지 않는 곳이 없다.

그러다 보니 희토류와 같은 녹색광물에 대한 수요가 높아지고 석유처럼 특정 지역에 한정적으로 분포된 광물은 벌써부터 자원전쟁 양상을 보인다. 중국의 희토류 매장량은 독보적이다. 약 4400만 톤으로 세계 총 매장량의 37퍼센트 정도를 차지한다. 서아시아 국가들이 석유를 무기화해 세계 경제에 큰 타격을 주었던 것처럼 중국도 희토류 무기화 움직임을 보이면서 세계를 긴장시키고 있다. 2010년에는 중국이 희토류 수출제한을 하면서 희토류 가격이 급등한 적이 있고, 최근 미중 무역전쟁이 심화되면서 중국은 희토류의 수출제한을 카드로 꺼냈다.

또한 희토류를 채굴할 때 녹색광물이라는 이름이 무색하게 심각한 환경오염이 발생한다. 오염을 최소화하면서 생산하기

달에서 희귀 광물을 채굴해 지구로 보내는
우주 자원전쟁의 서막이 올랐다.

위해서는 많은 에너지가 소비되기 때문에 결국 기후변화에 악
영향을 미친다. 이런 점을 고려했을 때 화석연료를 대체할 미래
의 에너지원으로 헬륨3가 각광받고 있다.

　희토류와 같은 희귀 자원이 국가 간 분쟁을 주도하는 무기
로 활용되자 세계 각국은 희귀 자원의 수급망을 다원화하기 위
해 노력하고 있으며 그 일환으로 달을 주목한다. 달에는 희토류,
헬륨3를 비롯한 희귀 자원이 지구보다 훨씬 풍부하게 존재한다.
희귀 자원들은 주로 운석에 실려오는데 지구와 다르게 달에는
대기가 없기 때문에 우주에서 떨어지는 광물들이 지표면에 쌓

인다. 풍화작용도 일어나지 않아서 광물이 원래대로 보존되어 있으니 캐올 수만 있다면 엄청난 자원기지가 될 것이다.

풍부한 매장량과 환경보호를 염두에 둔다면 달에서 희귀 자원을 채굴하는 방식은 이전과 달리 매우 현실성 있는 대안으로 떠오르고 있다. 50년 전의 달탐사 경쟁이 체제우위를 선전하는 군사 외교전이었다면 머지않아 경제적 이득을 선점하기 위한 우주 자원 쟁탈전으로 펼쳐질 수 있다.

100경 원짜리 무주공산

국제에너지기구IEA는 전 세계의 전기 사용량이 1974년부터 꾸준히 증가해 2018년에는 4배가 늘었고, 2040년까지 1.5배 더 늘어날 것이라고 보고했다. 아직 우리는 전기 생산의 60퍼센트 이상을 화석연료에 의존하는데, 2050년까지 탄소제로를 이루어낼 수 있을까? 탈원자력, 탈화석연료를 진행하는 동시에 꾸준히 늘어나는 전기 수요를 충족하기 위해서는 새로운 대체 에너지원이 필요하다. 과학자들은 그 대안을 핵융합 에너지에서 찾고 있다.

원자력발전은 우라늄의 핵이 분열하는 과정에서 발생하는 에너지를 이용해 증기를 만들고 터빈을 돌려 전기를 생산한다. 적은 양의 우라늄으로 큰 에너지를 만들 수 있는 핵분열발전은 편리하고 지속가능하지만 방사능 배출 위험 때문에 안전성에 문제가 있다.

핵분열발전과 달리 핵융합발전은 2개의 원자핵을 하나로 결합하는 과정에서 발생한 에너지를 이용해 전기를 생산하는 방식이다. 아직까지 인류의 과학기술은 핵융합발전으로 전기를 생산하는 수준에 이르지 못했지만, 우리는 이미 핵융합에너지를 이용해 살아가고 있다. 바로 태양이 핵융합 반응으로 빛과 열을 방출하기 때문이다. 그래서 핵융합발전을 인공 태양이라고 부른다.

핵분열발전소는 이미 60여 년 전부터 가동해왔건만 핵융합발전은 왜 아직 실현하지 못한 것일까? 핵융합에너지를 얻기 위해서는 양전하를 띠는 2개의 원자핵이 서로 밀어내는 척력을 이겨내고 결합하도록 아주 빠른 속도로 충돌할 수 있는 환경을 만들어야 한다. 좁은 공간에 많은 원자들을 가둬놓고 열을 가하면 분자들이 활발하게 움직이며 충돌할 가능성이 높아진다. 지구보다 질량이 33만 배나 큰 태양은 엄청난 중력 때문에 1500만 도에서도 핵융합이 일어나지만 지구에서는 1억 도 이상의 플라즈마 상태에서 가능하다. 핵융합발전을 하려면 적어도 300초 이상 1억 도 수준의 플라즈마를 유지하는 기술이 필요한데, 초고온 상태를 유지하는 것도 문제지만 이 온도를 견딜 수 있는 재료도 없다.

그렇다고 전혀 가능성이 없는 것은 아니다. 2020년 한국핵

진공용기를 감싸는 대형 초전도 코일의 모습. 프랑스 카다라슈 국제핵융합실험로에는 최대 직경이 22미터인 원형 코일 6개가 설치될 예정이다.

융합에너지연구원에서 초전도 핵융합장치 케이스타를 이용해 1억 도 수준의 플라즈마를 20초 동안 운전하는 데 성공했다. 연구원은 2025년까지 1억 도 플라즈마를 300초 동안 유지할 수 있는 기술을 확보하고 2040년까지 핵융합에너지로 전기를 생산하는 케이데모를 가동한다는 목표를 세웠다.

한편 프랑스의 카다라슈에는 우리나라를 포함한 7개국이 참여하는 초대형 국제열핵융합실험로[ITER]를 건설 중이다. 10년간 설계하고 2007년부터 건설을 시작한 열핵융합실험로는 2025년에 완공 예정이다. 국제열핵융합실험로는 실제 핵융합발전을 할 수 있는 발전소가 아니라 핵융합발전이 실현 가능한지 확인하기 위한 연구 시설이다. 앞으로도 핵융합발전이 상용화되기까지는 더 많은 연구와 개발이 이루어져야 한다.

현재 개발 중인 핵융합기술은 삼중수소를 사용하는데 자연 상태에서는 아주 적은 양만 존재하기 때문에 리튬이나 중수소를 이용해 삼중수소를 만들어야 한다. 비용이 많이 든다는 뜻이다. 헬륨3가 대체에너지로 각광받는 이유는 삼중수소 대신 핵융합발전의 원료로 사용할 수 있기 때문이다. 헬륨3를 이용하면 기존의 원자력발전보다 5배나 더 큰 에너지를 생산할 수 있어

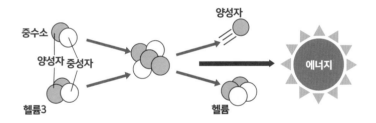

핵융합반응은 2개의 원자핵이 결합하는 과정에서 원자핵의 질량이 줄어드는데, 이때 아인슈타인의 특수상대성 이론에 따라 줄어든 질량이 막대한 에너지로 전환되는 것이다. 헬륨3는 1개의 중성자와 2개의 양성자로 이루어진 비방사성 원소다. 2개의 중성자와 2개의 양성자를 가진 일반적인 헬륨보다 중성자 수가 하나 적다. 그래서 이 헬륨3를 양성자 1개와 중성자 1개를 가진 중수소와 핵융합시키면 중성자 1개가 헬륨3와 결합하면서 헬륨이 되고 양성자 1개가 남는다.

달을 자원기지로 활용할 수 있다면 누구나 우주 자원을 채굴해 엄청난 돈을 벌 수 있는 기회의 땅이 될 것 같지만, 실상은 우주 개발에 진출할 수 있는 자본과 기술력을 가진 소수의 선진국이나 다국적기업에게만 허락된 신세계이기도 하다.

효율이 높고 방사능 폐기물도 거의 나오지 않아 친환경적이다.

태양풍을 타고 우주공간을 떠도는 헬륨3 입자는 지구에 도달할 때 대기와의 마찰로 금세 타버리지만 대기가 없는 달에서는 고스란히 보존된다. 지구에는 거의 없는 헬륨3가 달에는 100만 톤 이상 쌓여 있다. 더군다나 헬륨3는 지구의 화석연료와는 비교할 수 없을 만큼 높은 에너지 효율을 가지고 있어 꿈의 에너지라고 불린다. 헬륨3 1톤이 만들어낼 수 있는 에너지는 석유 1400만 톤이나 석탄 4000만 톤이 만들어낼 수 있는 에너지와 맞먹는다. 에너지 효율이 석유의 약 1400만 배, 석탄의 4000만 배에 달해 헬륨3 25톤으로 미국 인구 3억 명이 1년 동안 쓸 전력을 생산할 수 있다. 헬륨3 1톤의 가치는 금 6톤에 해당하는 3000억 원 정도다. 달 전체에 있는 헬륨3의 가치를 돈으로 환산해보면 약 100경 원에 달한다.

게다가 달에는 헬륨3만 있는 것이 아니다. 달에는 희토류와 같은 각종 희귀 광물이 산재해 있다. 달 자원을 운송하는 데 적지 않은 비용이 들지만 산과 바다로 덮인 지구와 달리 달 자원은 황무지에서 줍거나 캐기만 하면 되니 채굴이 수월하다.

지금까지 우주광산사업은 기술적 한계와 높은 비용 때문에 영화나 소설의 단골 소재로만 쓰였었다. 그러나 달이 각종 희귀 광물을 비롯해 로켓 연료와 생활용수로 쓸 수자원까지 풍부한 자원의 보고라는 증거들이 속속 밝혀지면서 발 빠르게 달탐사를 시작한 우주 강국들의 움직임에 힘입어 우주광산은 현실로 다가오고 있다.

신골드러시,
우주의 개척자들

달의 자원지도

1990년 일본이 아시아 국가 중에 최초로 달탐사선 히텐을 발사하면서 냉전시대 종식 이후 시들해졌던 달탐사에 새로운 바람이 일기 시작했다. 2003년 중국도 비행, 착륙, 귀환 3단계로 이루어진 창어 계획을 발표했다. 2007년 일본이 달 궤도선 셀레네를 발사하자 중국도 최초의 달탐사선 창어 1호를 발사했다. 그리고 2013년에 창어 3호가 달 표면에 착륙했고 2019년에 창어 4호가 세계 최초로 달 뒷면에 착륙하고, 2020년에는 창어 5호가 달에서 표본을 가져오는 임무를 수행하면서 중국은 주춤했던 달탐사 역사의 주역이 되어 무서운 속도로 새로운 기록을 써내려가고 있다.

과거에는 서구 선진국 중심이었던 우주 개척자들이 중국을

달의 앞면(좌측)과 뒷면(우측)의 지질분포도. 지역의 지질과 지형을 알아보기 쉽게 다른 색상으로 표시해서 알록달록한 모습이다. 달 표면 지질분포도를 작성하는 데 일본의 달 궤도선 측정 자료도 활용되었다.

필두로 아시아를 비롯해 전 세계로 확대되고 있다. 2008년에 찬드라얀 1호를 보내 얼음, 헬륨3를 포함한 달의 자원을 조사한 인도는 2022년에 3명의 탐사대를 달에 보내겠다고 발표했다. 터키와 아랍에미리트도 각각 2023년, 2024년까지 달탐사에 나서겠다는 계획을 발표했고, 우리나라도 2022년에 달 궤도선을 보내겠다고 발표했다.

달탐사 경쟁의 양상이 자원 쟁탈전으로 바뀌면서 먼저 달로 간 탐사선들은 자원지도를 만들기 위한 임무를 수행하고 있다. 달 지표면의 여러 곳을 탐사하면서 어디에 어떤 광물이 분포되어 있는지 파악하고 어느 지역에서 어떤 방식으로 채굴을 해야 할지 판단할 수 있는 기초 자료를 만드는 중이다. 2020년 미국의 지질조사국USGS이 가장 먼저 달 표면의 지질분포도를 완성해 공개했다. 달 전체의 모습을 상세하게 나타낸 1:500만 비율의 지도는 여섯 번의 아폴로 탐사와 달 궤도선으로 측정한 데이터를 바탕으로 만들어졌다. 수십 년간의 달탐사 프로젝트가 결실을 맺은 것이다.

달을 조사하는 과정에서 남극과 북극에 물이 있다는 증거가 발견되기도 했다. 달은 자전축이 거의 기울어지지 않아 극지에 태양빛이 전혀 도달하지 않는 영구 음영지역이 있다. 이곳의 기온은 영하 163도 이하로 유지되는데, 운석이나 혜성 충돌로 생긴 물이 얼음 형태로 보존될 수 있다고 추정해왔다.

2020년 미국항공우주국에서 적외선 망원경을 장착한 '성층권적외선천문대'를 통해 수집한 자료를 분석해 실제로 달의 남극 표면에 많은 양의 물이 존재한다는 것을 밝혀냈다. 물이 분포하는 지역은 우리나라 면적의 40퍼센트 정도인 4만 제곱킬로미터에 달한다.

달에 물이 있다는 것은 생명 유지에 필수적인 식수를 직접 공급할 수 있으며 물을 분해해서 산소를 공급하고 수소 연료를 얻을 수 있다는 의미다. 물이 있는 곳에 달 기지를 만든다면 달에서도 사람들이 거주할 수 있는 가능성이 열리는 것이다.

끝날 때까지 끝난 것이 아니다

2017년 10월 12일 미국이 45년 만에 달 유인탐사를 재개한다고 발표하면서 우주 개척 시대가 막을 올렸다. 50년 전과는 목표가 달라졌다. 화석연료와 원자력을 대체할 수 있는 새로운 에너지 자원이 달에 지천으로 쌓여 있다는 연구 결과가 나왔기 때문이다. 달이 100경짜리 무주공산이라는 것이 알려지면서 19세기 금이 발견되어 서부 개척 시대를 이끈 골드러시처럼 전 세계의 관심이 달로 향하고 있다. 달은 더 이상 기원의 대상이 아닌 꿈을 이룰 수 있는 무대가 된 것이다. 무대에 서려면 훨씬 전부터 준비해야 한다.

2007년 구글은 달착륙선과 로버(차량형 탐사로봇) 개발을 활성화하기 위해 '구글 루나X 프라이즈'라는 경연을 개최했다. 국가가 아닌 민간 차원의 달탐사기술을 개발해서 겨루는 대회로 과학기술과 인류 환경의 새로운 영역을 발견하자는 목표를 내걸었다. 이 경연의 상금은 3000만 달러(약 336억 원)로 국제대회 사상 가장 큰 액수였다. 참가자들의 미션은 탐사선을 달 표면에 연착륙시키고 최소 500미터를 이동해 고화질 동영상과 정지 영상 데이터를 전송하는 것으로 가장 먼저 임무를 완수하는 팀이 우승한다.

'겨우 500미터만 이동하면 된다?'라고 생각할 수 있지만 지구에서 500미터를 이동하는 것과 달에서 500미터를 이동하는

우주공간에 있는 천체를 탐사하기 위해 쏘아 올린 관측 장비를 통칭해 탐사선이라고 한다. 탐사선에는 태양계의 행성과 위성에 접근해 관측하며 지구에서 계속 멀어져 가는 보이저 1호(위 좌측)와 같은 무인 탐사선, 1997년 화성에 내린 무인 착륙선과 거기에 탑재한 로버를 아우르는 마스 패스파인더(위 우측), 1971년 3명의 우주비행사를 태우고 달에 착륙한 아폴로 15호와 월면차(아래)를 지칭하는 유인탐사선 등이 있다.

것은 차원이 다른 이야기다. 일단 지구에서 38만 킬로미터 떨어진 달에서 로버가 자율주행으로 500미터를 이동하려면 상당한 수준의 통신기술이 필요하며 달에 태양빛이 비추는 시간이 짧아 태양전지로 전력을 얻는 것도 쉽지 않다. 그래서 통신과 전력 문제를 해결하는 것이 구글 루나 X 프라이즈의 핵심 과제라고 할 수 있다.

달에는 대기가 없기 때문에 우주방사선이 달의 지표면까지 직접 내려와서 낮과 밤의 온도 차이가 극명하다. 달의 밤은 제일 추울 때 영하 170도까지 내려가고 제일 뜨거울 때 130도까지 올라간다. 이러한 극한 환경에서 무인 로버가 제대로 작동하려면 많은 변수를 고려하고 유연하게 대응할 수 있는 기술력이 필요하다. 착륙과 사진 전송기술이 우수한 문 익스프레스, 초경량 로버를 개발한 경험이 있는 아이스페이스, 마이크로 위성 기술을 이용해 작고 저렴한 우주선을 쏘아 올릴 예정인 이스라엘의 스페이스IL 등 최종 후보 5개 팀은 각자의 방식으로 우승을 향해 매진했지만 끝내 최종 우승팀을 가리지 못하고 2018년 구글 루나 X 프라이즈는 종료되었다.

하지만 스페이스IL은 도전을 멈추지 않고 2019년 민간 달 탐사선 베레시트를 발사했다. 직경 2미터, 높이 1.5미터, 무게는 585킬로그램의 초경량 탐사선 베레시트는 비용을 절감하기 위해 지구와 달 사이 거리보다 15배나 더 긴 거리를 돌며 중력이 탐사선을 끌어당기는 스윙바이를 이용해 서서히 달로 향했다.

무산소, 무중력, 극심한 온도 변화, 치명적인 방사선 등 극한의 우주로 나아가려는 인간의 도전은 숱한 실패의 기록으로 점철되어 있다. 그러나 인류는 실패에서 배우며 더디지만 앞으로 나아가는 중이다.

하지만 착륙 과정에서 8개 엔진 중 하나가 고장이 났고 설상가상으로 통신까지 두절되면서 목적지를 불과 10여 킬로미터 남겨놓고 아쉽게도 착륙에 실패했다.

스페이스IL의 도전은 최초로 민간 탐사선이 달 궤도 진입에 성공했다는 사실만으로도 충분히 의미 있다. 우주개발은 막대한 예산과 전문 인력을 운영하는 정부가 주도한다는 생각의 장벽을 부수고 본격적인 민간 달탐사의 포문을 열었다. 덕분에 이스라엘은 세계에서 일곱 번째로 달 궤도를 선회하고 네 번째로 달 표면에 도달했다는 지위도 인정받았다.

경쟁이 아닌 협력의 시대

미국항공우주국은 2024년까지 최초의 여성 우주인을 달에 보내겠다는 아르테미스 계획을 발표했다. 미국항공우주국은 2021년에 달탐사선 아르테미스 1호를 발사해 달 궤도를 무인 비행하고 2023년에 우주비행사 1명을 태운 2호가 궤도비행에 성공하면 2024년에는 아르테미스 3호를 착륙시켜 아폴로 계획 이후 50년 만에 달에 사람을 보내려고 한다. 또한 2024년부터 달 궤도를 도는 우주정거장 루나 게이트웨이 건설을 시작하고, 2028년에는 달에 유인기지를 완성해서 2030년까지 총 7대의 유인 우주선을 보내 달을 탐사하는 것이 전체 구상이다.

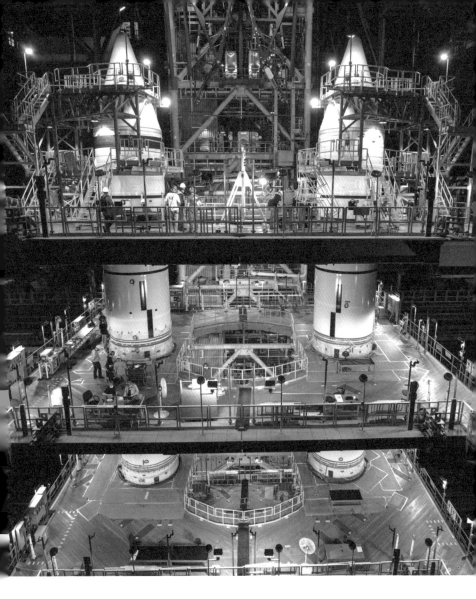

미국 플로리다주 케네디 우주센터에서 테스트 중인 아르테미스 1호의 모습. 2021년에 발사되어 3주간 달 주위를 비행할 예정이다.

탐사선이 달에 직접 착륙하는 아폴로 탐사와 달리 아르테미스 계획에서는 달 궤도에 있는 루나 게이트웨이에 우주선을 도킹한 뒤 착륙선을 내려 보내는 방식을 택한다. 달 궤도를 도는 루나 게이트웨이는 달로 가는 정거장 역할을 넘어 화성 등 더 먼 우주로 나가기 위한 전진기지로 활약할 예정이다. 화성까지 한 번에 날아가려면 대형 로켓과 엄청난 양의 연료가 필요하지만 루나 게이트웨이까지 가서 연료를 보충하고 화성으로 간다면 비용을 크게 줄일 수 있다.

이전의 달탐사가 국가 주도로 진행되었다면, 아르테미스 계획은 미국, 유럽연합, 러시아, 일본, 캐나다 등 여러 국가와 민간기업이 주도적으로 참여하는 글로벌 협력 프로젝트다. 달의 궤도에 진입하기 위해서는 미국항공우주국의 오리온 우주선을 사용할 예정이지만 루나 게이트웨이에서 달 표면으로 착륙하는 데에는 민간 우주기업의 달착륙선을 이용한다. 현재까지 다섯 번의 실험 테스트를 마친 오리온 우주선은 아폴로 우주선에 비해 2배 정도 큰 규모로 6명이 탑승할 수 있고 블루오리진, 스페이스X, 다이네틱스 세 곳의 민간기업이 달착륙선 개발 후보로 선정되어 경쟁을 벌이고 있다.

민간 우주탐사의 선두주자 스페이스X는 2020년에만 재사용 가능한 팰컨9 로켓을 26회 발사하는 기록을 세웠고, 전체 로켓 제작비용의 60퍼센트를 차지하는 1단계 추진체를 회수해서 재사용하며 저가 우주 탐사의 길을 개척했다. 또한 2명의 우주

텍사스주의 작고 조용한 보카치카 마을에
스페이스X가 들어서면서 마을로 구경꾼들이 몰려들었다.

비행사를 태우고 국제우주정거장을 성공적으로 왕복하며 민간
유인 우주선도 선보였다. 정부 주도의 올드 스페이스 시대를 지
나 민간 중심의 뉴 스페이스 시대로 넘어온 것이다. 스페이스X
는 화성 탐사를 위해 개발 중이던 스타십을 달탐사에 최적화시
키는 작업을 하고 있다. 달 표면과 루나 게이트를 왕복하는 것
에 그치지 않고 지구에서 출발해 궤도 정거장을 거쳐 달에 착륙
하는 통합된 시스템을 구축하려는 것이다. 통합시스템이 완성
되면 저비용으로 안전하고 지속가능하게 달을 오갈 수 있다.

달 자원 탐사와 채굴을 목적으로 설립된 일본의 우주 스타
트업 아이스페이스도 2022년까지 독자적으로 개발한 달착륙선
하쿠토-R을 달에 보낼 계획이다. 일본 연구진은 초경량, 고성능,

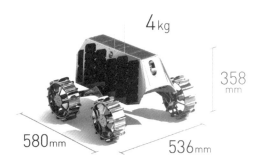

4kg

358mm

580mm

536mm

2017년에 개발한 소라도 로버는 길이와 너비가 6센티미터, 무게가 4킬로그램 정도인 초경량 탐사로봇이다. 본체가 작아 태양광 패널을 많이 붙이지 못한다는 단점이 있지만 달 중력으로 무게가 660그램 정도밖에 되지 않기 때문에 에너지가 많이 필요하지 않다.

고품질 로버 소라도를 개발 중이다. 달까지 갈 수 있는 우주선을 발사할 때 드는 비용은 스페이스X의 팰컨9 로켓을 사용할 경우 1킬로그램당 14억 원 수준이다. 비용 절감을 위해 탄소섬유나 강화플라스틱 같은 가벼운 소재를 활용해 탐사선의 무게를 줄이면서도 진동과 열, 방사선을 잘 견딜 수 있도록 만들었다.

2018년 미국항공우주국은 민간 우주개발기업들이 달에 화물을 운송하는 상업용 달 탑재체서비스CLPS 계획을 발표했다. 2021년부터 연간 2회 달에 화물을 운송하는데 민간기업을 이용해서 비용을 절감하고 개발기간도 단축하겠다는 의지를 밝힌 것이다. 애스트로보틱은 2021년에 벌컨 센타우르 로켓에 11개의 화물을 실어 달의 크레이터 중 하나인 라쿠스 모티스로 운송하는 임무를 수행한다. 애스트로보틱의 화물 중에는 미국항공우주국의 장비뿐만 아니라 아폴로 11호의 달 착륙 지도를 작성한 천문학자 마레타 웨스트를 비롯한 60여 명의 유골과 DNA 샘플이 탑재되는데, 이들은 월면장을 치르고 달에서 영면한다.

우리나라도 달탐사를 향한 꿈을 구체화시키고 있다. 민간 주도의 우주 개척 시대를 맞아 우주 강국들처럼 민간과 정부의 역할을 뚜렷하게 나누지는 못했지만 한정된 예산과 인력을 단계별 기술 확보에 집중하는 전략을 세웠다. 1단계는 우주탐사 핵심기술 확보를 통한 한국형 달 궤도선 개발, 2단계는 우리 발사체를 이용한 달착륙선을 발사하는 것이다.

2022년 8월 발사를 목표로 수행 중인 달탐사 1단계 사업은 자체 개발한 달 궤도선을 쏘아 올리는 것이다. 궤도선에 탑재된 고해상도 카메라를 비롯한 국내 탑재체 5기와 미국항공우주국의 영구음영지역카메라(ShadowCam) 등 총 6개 탑재체를 이용해 달 표면 촬영과 관측, 우주인터넷 시험 등을 통해 얻은 데이터를 국내 과학자뿐만 아니라 미국항공우주국에서 선정한 참여 과학자와 공유하고 향후 달탐사선 착륙에 필요한 정보를 얻을 계획이다. 발사 후 2023년까지 우리나라의 달 궤도선이 1단계 임무를 성공적으로 수행하면, 2030년에는 자력으로 개발한 한국형 발사체와 탐사선을 이용해 2단계 목표를 수행해 달 표면에 착륙할 수 있을 것으로 기대한다.

우리나라도 우주탐사를 위해 달에 갈 것이다. 10년 내에 달 표면에 태극기가 꽂혀 있는 장면을 보기를 바란다.

달 기지 건설 계획

로봇, 친환경 에너지, 전력 사업 등의 독특한 행보로 주목받아 왔던 일본의 시미즈건설은 2018년 우주개발 사업화를 추진할 프런티어 개발실을 설치하고 달에 기지를 건설하기 위한 연구를 진행하고 있다. 달로 특정한 이유는 달에 지면이 있기 때문이다. 돈과 기술은 밀접한 관계에 있다. 달에 1킬로그램의 물건을 보내는 데 약 14억 원이라는 운송비가 들어가기 때문에 지구에서 모든 것을 만들어 가는 것은 경제적으로 불가능하다. 그래서 달에 있는 자원을 이용해 건축자재를 만드는 기술은 달 개척에서 가장 필요한 원천기술이다.

달 자원 채취를 위해서는 달 기지가 꼭 필요하기 때문에 자신들의 건설기술을 이용해 달 기지를 세울 구상이다. 시미즈건설은 육각형 콘크리트 모듈을 조합해 인간이 생활할 수 있는 공간을 고안해냈다. 그리고 달의 흙을 이용해 달 기지에 필요한 콘크리트와 같은 건축자재를 현장에서 만들어 쓰는 방법을 구상 중이다. 달에서 직접 연구할 수 없기 때문에 달과 가장 비슷한 환경을 만들어야 하는데, 여기에 꼭 필요한 재료가 인공 월면토다.

지금까지 지구로 가져온 진짜 월면토는 360킬로그램에 불과하다. 연구자들은 월면토의 성분을 분석하고 지구의 암석을 이용해 인공적으로 월면토를 만들었다. 달 토양과 비슷한 성질을 가진 인공 월면토는 굴착실험, 바퀴 주행 시험에 사용할 수 있을 뿐만 아니라 건축자재로 가공하는 등 여러 용도로 사용할 수 있다. 우주개발 고지를 선점하기 위해 분투 중인 각국의 연구진은 달탐사선이나 기지 건설 예행연습을 위해 인공 월면토를 개발하고 있다.

인공 월면토는 달 토양과 화학적 성분을 맞춘 다음 물리적 특성을 구현하는 과정을 거쳐야 한다. 화학적 조성을 맞춘다 해도 월면토는 수십억 년 동안 크고 작은 외부 천체가 충돌하면서 발생한 열에 수없이 녹았다 굳는 과정을 반복하고 태양풍과 우주방사선에 그대로 노출되어 있었기 때문에 물리적 특성을 맞추는 것은 쉬운 일이 아니다. 2016년 우리나라는 한국형 인공 월

복제 월면토를 만들기 위해서는 현무암을 분쇄해 입자 크기를 맞춘 다음 소행성이 달에 충돌할 때 발생했던 고압, 태양풍이나 태양 방사능 때문에 발생한 화학적 변화를 일으킨다. 이렇게 만든 복제 월면토는 고운 잿가루처럼 생겼지만 방법에 따라 시멘트처럼 단단하게 굳힐 수 있다.

면토(KLS-1)를 개발하는 데 성공했다.

　　한양대 건설환경공학과 교수 이태식 연구팀은 인공 월면토를 3D 프린터로 사출해 달 기지를 짓는 연구를 해왔다. 2017년에는 미국항공우주국이 주최하는 센테니얼 챌린지 대회에서 총 77팀 중 1위를 차지하기도 했다. 센테니얼 챌린지는 우주 콘크리트를 제작하고 3D 프린팅으로 우주 건축물을 짓는 첨단기술 경진대회로 1단계에서는 우주 콘크리트 샘플의 압축 강도를 테스트하고 2단계에서는 3D 프린팅기술을 이용한 실물 모형을 평가한다. 그중에서 복제 월면토와 플라스틱 원료인 폴리머를 혼합해 만든 콘크리트를 열로 녹여 노즐로 프린트하는 기술은 경쟁에 참가한 팀 중 단 6팀만이 구현할 수 있었던 어려운 과제였다. 이태식 연구팀이 만든 폴리머 콘크리트는 폴리머와 복제 월면토를 배합해 무게를 줄이면서 강도는 높여서 다른 팀에 비해 압축력이 우수하고 잘 찢어지지 않으며 강도도 일반 콘크리트 강도(28~35메가파스칼)와 비슷한 수준에 이르렀다. 이 정도면 중력이 지구보다 약한 달에서는 훨씬 강한 효과를 발휘한다.

2020년 한국건설기술연구원은 세계 최대 규모의 지반열진공챔버를 완성했다. 챔버는 인공 월면토로 달의 지표면을 구현하고 강력한 진공펌프와 냉각시스템, 히터를 이용해 달 표면의 환경을 재현할 수 있다. 무엇보다 5미터 높이의 챔버 안에서 실제 크기의 로버나 3D 프린터와 같은 기계장치를 테스트할 수 있기 때문에 달 기지 건설기술을 실험해볼 수 있다.

유럽 우주국은 3D 프린터를 이용해 달의 남극 근처에 유인기지를 건설하겠다는 계획을 진행 중이다. 먼저 건축용 3D프린터와 운송하기 쉽도록 무게와 부피를 줄인 팽창식 모듈을 우주선에 실어 달에 보낸다. 우주선이 달에 착륙하면 모듈을 팽창시켜 돔 모양의 구조물을 만들고 팽창된 모듈을 기본 구조로 그 위에 달 콘크리트를 덧씌운다. 태양 방사능이나 유성 충돌과 같은 외부 위협에서 안전하려면 3D 프린터를 이용해 달 콘크리트를 2미터 이상 덮어야 한다. 이런 식으로 모듈을 확장해나가면 우주 개척의 거점이 될 달 기지를 완성할 수 있다.

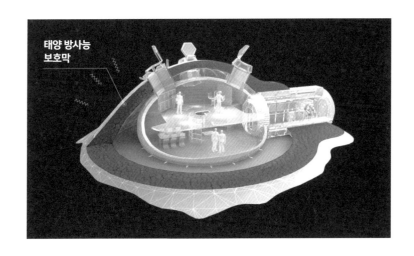

태양 방사능
보호막

팽창식 모듈 위에 콘크리트를 덮어 태양 방사능과 유성 충돌로
부터 안전한 달 기지가 완성된다. 달 기지를 달의 남극에 짓는
이유는 물 때문이다. 달 표면이 햇빛에 노출되면 온도가 130도
이상 올라가기 때문에 얼음이나 액체 상태의 물이 존재할 수
없지만, 달의 남극에는 태양빛이 거의 닿지 않아 물이 얼음 형
태로 광범위하게 존재하는 것으로 밝혀졌다.

유럽 우주국의 '문 빌리지' 프로젝트 담당자 버나드 포잉은
2023년부터 달 기지 건설을 시작해서 2040년에는 100명이 거
주할 수 있는 규모로 키워갈 것이라고 발표했다.

아폴로 11호가 달에 착륙하기 전 많은 사람들이 달에 왜 가
야 하는지 의문을 품었다. 아폴로 11호가 달에 착륙했을 당시 미
국항공우주국 과학자들의 평균연령은 26세였다. 1957년 소련
이 최초의 인공위성 스푸트니크를 발사하자 이듬해 미국은 미
국항공우주국을 창설했다. 1961년 미국대통령 케네디는 10년

2020년 스페이스X는 2명의 우주비행사를 태운 크루 드래곤을 팰컨9에 실어 발사했다. 성공적으로 로켓이 발사되자 스페이스X의 최고경영자 일론 머스크는 말했다. "감정이 북받쳐서 말로 표현을 못 하겠네요. 전 이 목표를 위해 18년 동안 쉬지 않고 노력해왔어요."

이내에 인간이 달에 가게 될 것이라고 선언했고 그 장면은 전 세계의 사람들에게 강한 인상을 남겼다 특히 어린이와 청소년들에게 달탐사에 대한 꿈을 심어주었고, 8년 후 그 아이들이 미국 항공우주국의 주역이 되어 마침내 인간이 달에 가는 꿈을 실현시켰다.

미국의 민간기업 인튜이티브 머신스는 2021년 달에서 레이싱 경주를 개최할 예정이다. 결승전에 참여하는 선수들은 미국의 고등학생 5명으로 구성된 두 팀인데, 직접 레이싱카를 디자인하고 원격 조정을 한다. 주최측은 선발된 학생들이 달 착륙에서 레이싱까지 모든 과정을 함께하며 민간 우주개발 시대의 주역이자 자라나는 아이들에게 우주 개척자의 꿈을 심어주게 될 것이라고 소개했다.

우리나라는 아직 우주개발 강국이 아니다. 몇몇 우주기술에서 성과를 거두기는 했지만 가까운 일본이나 중국에 비해 우주 관련 분야의 정부 예산도 적고 대표할 만한 민간기업도 없다. 10년 후 우주 개척 시대가 본 궤도에 올랐을 때 젊은 개척자들이 주축이 되려면 지금부터라도 다음 세대가 우주를 향한 구체적인 꿈을 품을 수 있는 장을 마련해야 한다.

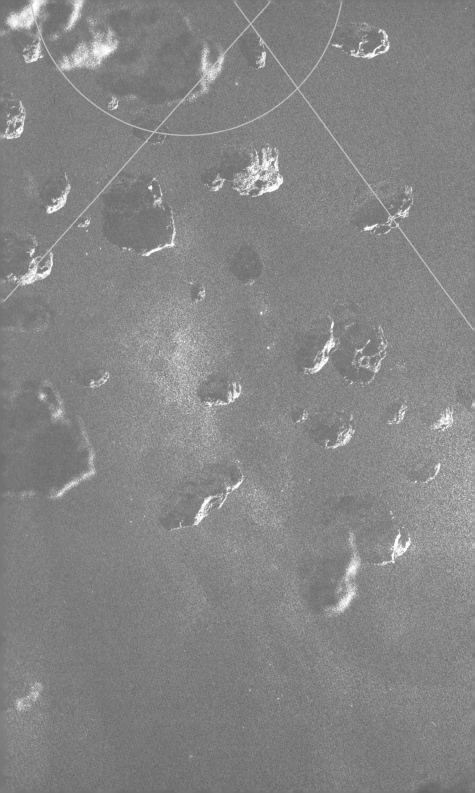

CHAPTER 6

소행성이 온다

예고 없이 지구로
돌진하는 외계의 위협

지구로 날아온 소행성

2013년 러시아 첼랴빈스크 상공에서 크기를 가늠할 수 없는 물체가 굉음을 내며 추락했다. 짧은 순간이지만 햇빛보다 밝은 섬광이 도시의 상공을 가로질렀고 30초가량 연기를 뿜으며 날아간 물체는 공중에서 폭발했다. 폭발에 의한 충격파로 반경 100킬로미터 안의 건물, 공장, 학교의 외벽과 창문이 부서지고 1500명이 다쳤다. 평온한 아침 그 누구도 예상하지 못한 충격적인 사건이었다. 구소련 당시 첼랴빈스크와 예카테린부르크 지역에 무기실험 시설이 많았던 탓에 무기실험으로 인한 폭발이라는 주장이 제기되기도 했다. 군사적 테러 공격이다 화산 분출이다, 다양한 추측과 주장이 있었지만 사건이 시작된 곳은 지구가 아니었다. 머나먼 외계였다.

첼랴빈스크에 떨어진 소행성은 20미터 크기의 작은 소행성이었으나 히로시마에 떨어진 원자폭탄의 40배에 달하는 파괴력을 갖고 있었다. 다행히 높은 고도에서 폭발해 사망자는 발생하지 않았다.

46억 년 전 먼지와 가스로 이루어진 분자구름이 중력붕괴를 일으키면서 태양계가 탄생했다. 태양계의 전체 질량 중 99.86퍼센트를 차지하는 가스와 먼지 등이 태양을 중심으로 뭉쳐 작은 미행성을 형성했다. 미행성들은 서로 충돌을 반복하며 원시행성으로 성장하거나 성장을 멈추고 소행성으로 남게 된다. 그중 제일 큰 덩어리가 목성이다. 화성과 목성 궤도 사이의 소행성대Asteroid belt에는 이때 만들어진 크고 작은 미행성들이 아직까지 남아 있는데, 첼랴빈스크 상공에서 공중 폭발한 소행성도 44억 5200만 년 전 바로 이곳에서 형성되었다.

챌랴빈스크 소행성은 지금껏 지구에 떨어진 소행성 중에 가장 많은 기록을 남겼다. 꽤나 완만한 각도로 천천히 떨어진 덕분에 수많은 카메라에 낙하 장면이 담겼다. 또한 대기를 통과하는 동안 달궈지고 폭발하면서 수많은 파편들을 떨어뜨렸다. 기록과 파편들을 분석한 결과 17미터 크기의 소행성이 진입각도 20도, 초속 18킬로미터로 지구 대기에 진입했다는 것이 밝혀졌다. 대기권에 진입해 250킬로미터를 가로질렀고 대기에 진입한 지 얼마 되지 않아 공중에서 폭발했다.

100여 년 전인 1908년 6월 30일 러시아 퉁구스카에서 또 다른 충돌이 있었다. 거대한 삼림지역 퉁구스카의 8킬로미터 상공에서 운석이 폭발해 사방 2500제곱킬로미터 안에 있는 산림이 불타고 수천 마리의 동물이 죽었다. 여의도 면적의 830배에 달하는 크기다.

폭발로 인한 구름과 섬광이 영국과 스웨덴에서도 관측될 정도였지만 폭발 전 소행성의 크기는 100미터가 채 안 되는 것으로 알려졌다. 챌랴빈스크 소행성보다 더 크고 무거운 소행성이 더 낮은 고도에서 폭발하면서 히로시마 원자폭탄의 185배에 달하는 충격파가 지표면에 전달되었다. 다행히 사람이 살지 않는 곳이었기 때문에 인명 피해는 없었지만, 만약 이 정도 파괴력을 가진 소행성이 인구가 밀집한 대도시에 떨어졌다면 엄청난 대참사가 벌어졌을 것이다.

화성과 목성 사이에 흩어져 있는 지름 수백 킬로
미터 이하의 천체를 소행성(위)이라고 한다. 소
행성에 비해 더 작은 천체가 대기권에 진입해서
불타는 것을 가리켜 유성이라고 한다. 대기와의
마찰로 긴 꼬리를 그리며 기화되는 것을 두고 별
똥별이 떨어진다고 한다. 대기권에서 다 타지 않
은 유성의 일부가 지표면으로 떨어지는 것을 운
석(아래)이라고 한다. 대기권을 뚫고 들어온 소
행성이 지구 대기권으로 들어오면 유성이 되었
다가 지표면에 떨어지면 운석이 된다.

　　과거로 거슬러 가보면 6500만 년 전 대기를 뚫고 들어온 거
대한 소행성은 지구의 절반이 화염과 파편으로 뒤덮일 만큼 재
앙적 폭발을 일으켰다. 직경 약 10킬로미터 크기의 소행성이 멕
시코 유카탄반도에 충돌하면서 지름 180킬로미터에 달하는 크
레이터crater가 만들어졌다.

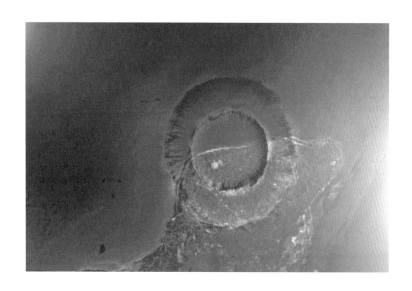

목성과 화성 사이의 궤도를 돌던 직경 170킬로미터의 소행성과 직경 60킬로미터의 소행성이 충돌하면서 직경 10킬로미터 이상급 소행성 300여 개와 1킬로미터 이상급 소행성 14만여 개가 생겨났다. 6500만 년 전 우주를 떠돌던 소행성 무리에서 10킬로미터급 소행성 하나가 멕시코 유카탄반도의 칙술루브 지역에 떨어져 거대한 크레이터를 만들었다.

충돌로 인해 순식간에 증발한 지반 암석은 대기로 퍼져 여러 파편과 섞였다가 시속 160~320킬로미터 속도로 쏟아지면서 지구 전역에 산불을 일으켰다. 이 소행성 충돌은 그때까지 지구 전역에서 번성하던 공룡을 멸종시킨 재앙의 트리거가 되었다. 충돌 당시의 파괴력은 히로시마에 떨어진 원자폭탄 100억 개의 위력과 맞먹는다고 하니 모든 것이 분쇄되고 녹아버렸을 것이다.

핵폭탄이나 소행성 충돌로 대규모의 폭발이 일어나면 수백만 톤의 재와 먼지로 가득 찬 검은 구름이 성층권까지 올라간다. 바람이 없는 성층권에서 검은 구름이 오래 머물며 햇빛을 반사해 지구의 온도가 1~2도가량 떨어지고 갑작스러운 빙하기, 핵겨울이 수십 년 이상 지속된다.

소행성 충돌이 근본적인 원인을 제공하긴 했지만 충돌의 직간접적인 영향권 밖에 있던 공룡들까지 모조리 멸종한 이유는 충돌로 발생한 돌가루와 먼지, 이산화탄소 등이 오랫동안 대기에 머물며 햇빛을 차단하면서 기후변화를 일으켰기 때문이다. 폭발 당시 증발한 황 3250억 톤이 에어로졸을 형성해 햇빛을 차단했고 그로 인해 핵겨울이 찾아오면서 75퍼센트의 동물이 지구상에서 사라지는 대멸종 사태가 벌어졌다.

하지만 만약 소행성이 다른 각도로 지표면과 충돌했다면 다른 결과가 나타났을 수도 있다. 칙술루브 소행성은 60도 기울어진 각도로 지표면과 충돌했는데 이는 산산조각 난 암석들이 대기 중으로 퍼져 나가기 가장 이상적인 각도다. 만약 소행성이 60도가 아니라 직각에 가까운 각도로 충돌했다면 더 많은 양의 암석이 부서졌겠지만 부서진 암석들이 대기로 퍼져 나가는 양은 더 적었을 것이다. 더 완만한 각도로 충돌했다면 암석이 부서지는 양이 줄어들어 기후에 미치는 영향이 감소했을 것이다. 대기 중에 퍼지는 분진의 양은 충돌 각도에 따라 최대 3배 차이가 난다.

공룡들이 지구 역사에서 퇴장한 후로 칙술루브 소행성과 같이 전 지구적 재앙을 초래할 수 있는 충돌 사건이 일어나지 않은 것은 순전히 운이었다. 만약 그 정도의 파괴력을 가진 소행성이 한 번 더 지구를 강타했다면 지구 생태계는 현재와 전혀 다른 생명체들로 북적이고 있을지도 모른다.

거대 파충류가 비워놓은 자리를 땅속에 웅크리고 있던 포유류가 차지하고 뒤를 이어 득세한 인류는 이제 예고 없이 돌진하는 소행성을 예측할 지적 능력과 기술을 가졌다. 그리고 과거에 충돌한 소행성의 흔적을 찾아내고 연구하면서 언젠가 나타날 거대한 소행성의 위협에서 살아남을 방법을 마련하고 있다.

소행성이 남긴 흔적

태양계의 행성들이 자리를 잡은 뒤에도 작은 천체의 충돌은 수십억 년에 걸쳐 반복되었다. 달에는 그 충돌 흔적이 그대로 남아 있어서 먼 지구에서도 관측이 가능할 정도다. 지구의 중력은 달보다 6배나 더 크기 때문에 지구 역시 소행성 충돌이 잦았을 것이다. 그런데 지구에는 왜 소행성 크레이터가 별로 남아 있지 않은 것일까?

달에는 대기가 없어 침식과 풍화작용이 거의 일어나지 않기 때문에 충돌 흔적이 그대로 남아 있다. 반면 지구의 충돌구는 지질활동을 거치면서 땅속에 묻히거나 화산활동에 의해 용암에 덮이기도 하고, 판이 이동하면서 대륙지각 밑으로 사라지기도 한다. 지질작용이나 기후변화에 의해서 충돌 흔적들이 아주 효과적으로 지워지기 때문에 지금 남아 있는 것은 극히 일부분에 불과하다. 또 다른 이유는 바다다. 지구에 진입한 소행성은 대부분 지표면의 70퍼센트를 차지하는 바다에 떨어져서 육지에 남은 충돌구는 190개 정도로 추정된다.

미국 애리조나사막 위에 솟아오른 언덕과 그 너머로 움푹 꺼진 크레이터에서 우리는 지구가 수없이 맞닥뜨렸던 위기의 한 단면을 볼 수 있다. 애리조나주 인디언 보호구역 인근에서 거대한 충돌구가 발견되었는데, 이곳의 비밀을 밝히려고 했던 지질학자이자 광산업자 다니엘 베링거의 이름을 따서 베링거 크

화산 분화구(좌측)와 소행성 충돌구(우측)는 지질과 형태에서 확연한 차이를 보인다. 화산 분화구에서는 땅 밑에서 솟아난 용암이 식어 생긴 화성암을 발견할 수 있다. 하지만 충돌구 주변에는 외계에서 온 물질이 지면과 부딪쳐 폭발을 일으키면서 기존에 있던 땅의 암석이나 흙이 변성된 상태로 흩어진다.

레이터라고 부른다.

약 5만 년 전에 만들어진 베링거 크레이터의 지름은 1200미터, 깊이는 180미터에 이른다. 1891년 미국의 지질조사국은 이곳을 화산활동의 결과로 생긴 분화구로 결론지었다. 당시에 주변의 광범위한 지역에서 270킬로그램 정도의 운석이 발견되었지만 소행성 충돌구와 화산의 지질학적 차이를 구분 못할 정도로 과학 지식이 부족했기 때문이었다.

소행성 충돌 영향은 크기나 속도뿐만 아니라 물질 성분과 충돌 각도에 따라 달라진다. 베링거 운석은 92퍼센트 철, 7퍼센트 니켈, 나머지 1퍼센트는 80가지 광물로 구성되어 있다. 약 27~45미터 직경의 베링거 소행성은 러시아 첼랴빈스크 지역에 떨어진 소행성보다 2~3배 정도 클 뿐인데 무거운 원소인 철이 다량 함유되어 무게는 약 30배 이상 차이 난다. 첼랴빈스크 소행성처럼 철과 금속의 함량이 낮은 콘크리트 운석은 밀도가 낮아 대기의 압력에 의해 공중에서 폭발한다. 철질 운석이었던 베링거 소행성은 시속 4만 2000킬로미터로 지표면에 충돌하며 직경 1킬로미터, 깊이 170미터에 달하는 크레이터를 만들었다.

베링거 크레이터의 능선을 보면 경사면의 기울기에서 차이가 나는데, 운석이 경사가 완만한 쪽에서 날아왔다는 것을 알 수 있다. 베링거는 크레이터의 기이한 자국이 고대 운석 충돌로 생긴 거라 확신했고 그 주위에서 소행성의 잔해가 남긴 철과 니켈을 찾아 나섰지만 끝내 발견하지 못했다. 철질 운석은 지면에 부딪힐 때 순간적으로 땅을 파고들며 어마어마한 폭발을 일으키는데, 이 정도 규모로 폭발한 운석 덩어리는 순식간에 증발해버리기 때문에 그 잔해를 찾기 어렵다.

베링거 소행성보다 규모가 작은 천체들은 유성이 되었다가 지표면에 도달하면 운석이 된다. 외계에서 온 운석과 지구에 있던 암석은 어떻게 구분할 수 있을까? 먼저 외형에서 두드러진 차이가 나타난다. 외계 물질이 고속으로 대기권에 진입하면 물체의 전면이 공기를 압축하고 대기와의 마찰로 고온의 열이 발생해 불덩이, 유성이 된다. 유성의 표면에는 마찰열에 의해 녹은

철질 운석(좌측 위), 석질 운석(우측 위),
석철 운석(아래)

물질들이 뚝뚝 떨어져 나가면서 엄지손가락으로 표면을 누른 것 같은 용융각이 생긴다. 지표면에서 발견되는 돌에서 용융각이 발견된다면 십중팔구는 운석이 확실하다.

　가장 확실한 방법은 구성물질을 분석하는 것이다. 운석은 구성물질에 따라 크게 철질 운석, 석질 운석, 석철 운석 세 가지로 구분한다.

　철질 운석은 90퍼센트 이상 철로 이루어져서 표면을 연마하면 밝은 금속 색상과 광택이 난다. 철질 운석의 특징은 순수한 철을 함유하고 있다는 것이다. 철은 공기 중의 산소와 물을 만나면 산화철이 된다. 일상생활에서 철이 붉게 녹스는 것과 같다. 산소와 물이 풍부한 지구에서는 순수한 철이 존재하기 어렵기 때문에 순수한 철을 만들기 위해 용광로에서 철광석을 제련하

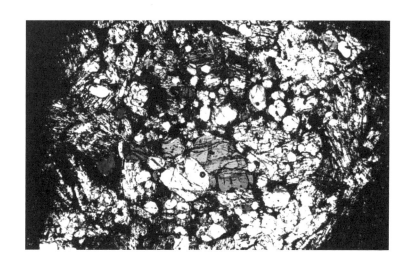

운석의 표면에서 구슬이 박힌 것처럼 반짝거리는 것이 태초의 비밀을 간직한 콘드률이다. 콘드률은 태양계에서 가장 오래된 물질이기 때문에 콘드률이 어떻게 형성되었는지 밝혀내면 태양계가 초기에 어떻게 만들어졌는지도 알 수 있다.

며 엄청난 양의 이산화탄소를 배출한다. 하지만 우주공간에서는 철이 산화될 일이 없어 순수한 철로 남아 있다. 석철 운석은 감람석과 철질 운석이 반반 그물 모양으로 섞여 있다.

석질 운석은 지구에는 없는 암석구조인 콘드률이 포함되어 있다. 콘드률은 우주 먼지나 가스가 약 700도 이하의 온도에서 급격하게 열을 받아 녹으면서 생기는 구형의 알갱이다. 석질 운석이 철질 운석보다 10배나 더 많지만 풍화된 석질 운석은 보통 암석과 구분하기 어려워서 철질 운석이 더 쉽게 발견된다.

6500만 년 전에 공룡을 멸종시킨 유카탄반도 크레이터에서 아주 높은 함량의 이리듐이 발견되었다. 이리듐은 백금하고 성질이 같은 원소인데 지구 표면에는 거의 남아 있지 않은 매우 희귀한 우주 물질이다. 운석에는 이리듐이 다량 함유되어 있기 때문에 이리듐 함량은 일반 암석과 운석을 구별하는 좋은 지표다. 우리가 흔히 발견하는 석질 운석 같은 경우 지각에 있는 보통 암석이 갖는 이리듐 함량의 500배 이상을 가지고 있다.

지금도 크고 작은 외계 물질이 지구로 수없이 쏟아져 내린다. 대기에 부딪혀 불타 없어지는 유성이 대부분이지만 크기가 제법 큰 소행성은 대기를 뚫고 지각을 강타해 뚜렷한 흔적을 남긴다. 지구에는 100년에 한 번꼴로 직경 50미터급 소행성이 떨어진다. 5만 년 전 애리조나의 사막이나 100년 전 퉁구스카의 숲을 강타한 소행성들과 비슷한 크기다.

소행성의 크기가 커질수록 충돌 빈도는 낮아진다. 150미터급 소행성은 5000년에 한 번꼴로 500미터급은 5만 년, 1.5킬로미터급은 20만 년, 공룡을 멸종시킨 7~16킬로미터급 소행성은 1000만 년에서 1억 년 주기로 지구와 충돌한다. 공룡을 멸종시킨 10킬로미터급 소행성이 떨어진 때가 6500만 년 전이니 당장이라도 이 정도 크기의 소행성이 찾아오는 것은 전혀 이상할 게 없다.

지구를 둘러싼 대기는 숱하게 찾아오는 외계의 방문객들을
좀처럼 통과시키지 않는다.

잠재적 위협

　　지구 곳곳에 소행성 충돌 흔적이 남았지만 인류가 소행성을 주목하기 시작한 것은 아주 최근의 일이다. 1894년에 천문학자 퍼시벌 로웰은 애리조나주에 천문대를 건립했다. 화성에서 물과 생명의 흔적을 쫓고 태양계 마지막 행성 명왕성을 찾기 위해서였다. 로웰은 그의 조수인 클라이드 톰보가 명왕성을 찾아냄으로써 결국 평생 과업 중 하나를 성공했다. 그 후로도 톰보는 태양계에서 천천히 움직이는 소행성을 700개 넘게 찾았다. 2006년 국제천문연맹은 명왕성이 행성의 기준에 맞지 않아 행성이 아니라 왜소행성(왜행성) 중 하나로 분류한다고 발표했다.

　　1980년대 이후로 새로 발견되는 소행성이 기하급수적으로 늘었다. 천체 관측기술이 발달하고 대중화되면서 아마추어들도 쉽게 새로운 소행성을 찾을 수 있는데, 대부분이 화성과 목성 사이에 있는 소행성대에서 발견된다. 태양계가 처음 만들어졌을 때 생겨난 소행성들은 거대한 목성의 중력으로 인해 더 이상 성장하지 못하고 그때 모습 그대로 화성과 목성 사이의 소행성대를 떠돌고 있다. 소행성대에서 가장 크고 무거운 세레스의 지름은 970킬로미터로 명왕성과 같은 왜소행성의 범주에 들어간다.

　　관측 결과 화성과 목성 사이 소행성대에는 지름이 1킬로미터가 넘는 소행성이 최소 70만 개 정도 있고, 그보다 작은 소행

명왕성과 같은 왜소행성(좌측 위)은 태양을 중심으로 공전하
며 질량이 충분히 커서 자체 중력으로 구 모양을 유지한다. 소
행성대에 있는 베스타(우측 위)의 경우 왜소행성과 소행성의
경계에 있는 소행성이다. 소행성은 중력이 작아서 구가 되지 못
하고 울퉁불퉁한 모양(아래)이다.

성은 셀 수 없이 많다. 소행성들이 얌전히 소행성대의 궤도를 돌
고 있을 때는 우리에게 위협이 되지 않지만 작은 소행성들이 서로
충돌하거나 행성의 중력으로 인해 소행성대를 벗어나 지구로 향
하면 문제가 생긴다. 지구에 가까이 다가온 소행성을 근지구소행
성NEA이라고 부르는데 현재 1킬로미터 이상급 근지구소행성은 약
1000개, 그보다 작은 140미터 이상급은 약 1만 5000개 정도로 추
정된다.

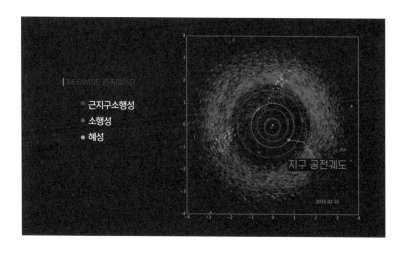

2만 4000개의 근지구소행성 중에 지구와 충돌 가능성이
조금이라도 있는 지구위협소행성은 2000여 개다.

　　미국항공우주국은 1998년부터 근지구소행성을 집중 추적
하고 있는데, 지금까지 1킬로미터 이상급 근지구소행성의 90퍼
센트를 발견했다. 근지구소행성 추적에서 가장 중요한 것은 모
든 소행성의 위치와 궤도를 파악하고 지구로 날아올 가능성을
미리 계산해서 경고하는 것이다. 미리 발견하고 궤도를 알아내
면 소행성이 지구와 충돌하기 전에 충분한 조치를 취할 수 있다.
　　특히 미국항공우주국이 후원하는 카탈리나 천체 탐사 프
로그램은 140미터에서 1킬로미터 이하의 소행성을 찾는 데 주
력하고 있다. 이 정도 크기의 큰 소행성은 지구에 충돌할 때 우
주 속도를 포함하고 있어 대기권에서 완전히 파괴되지 않기 때
문에 지표면에 떨어져 충돌구를 남기고 광범위한 지역에 영향

을 미친다. 100미터가 되지 않는 크기라면 대기권에서 대부분 파괴되기 때문에 비교적 영향이 적은 편이다. 지금까지 총 2만 4000개가 넘는 근지구소행성이 발견되었는데 그중에 카탈리나 천체 탐사로 발견한 소행성이 50퍼센트다.

지구의 중력에 이끌려 지구로 향하는 근지구소행성들은 크기와 상관없이 어떤 경로로 이동하는지에 따라 수백만 분의 1의 확률로 지구와 충돌할 수 있다. 이렇게 충돌 가능성이 있는 소행성을 지구위협소행성PHA이라고 하며, 근지구소행성 중 약 2000여 개가 여기에 속한다.

천체의 움직임은 물리법칙을 따르기 때문에 미리 발견한다면 궤도와 특정 시점의 위치를 알 수 있다. 실제로 카탈리나 천체 탐사 프로그램은 2008년 아프리카 수단 37킬로미터 상공에서 폭발한 소행성 2008TC3의 충돌 지점과 시각을 정확하게 예측했다. 소행성 충돌을 미리 알아낸 것은 이때가 처음이었다. 예상 충돌 지점의 오차는 1킬로미터, 실제 충돌 시간의 오차도 1초 이내로 상당히 정확하게 계산해냈다. 이 정도로 지구위협소행성의 움직임을 파악하고 있다면 위험이 줄어들까? 교통법규를 따르는 차량들처럼 정해진 궤도를 따라 이동하는 소행성은 위험성이 낮지만 만약 외부의 충격이나 우연한 사고가 일어나면 언제든 예고 없이 지구로 돌진할 수 있다.

실제로 러시아 첼랴빈스크에 떨어진 소행성은 아무도 예측하지 못했다. 당시 과학자들은 3개월 전부터 2012DA14라

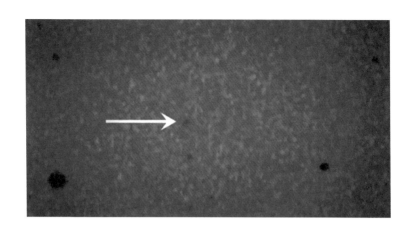

스페인 라사그라천문대에서 관측한 소행성 2012DA14의 모습이다. 점처럼 보이는 소행성을 찾아내기란 모래사장에서 바늘 찾기와 같다.

는 또 다른 소행성을 추적하고 있었는데, 첼랴빈스크 소행성보다 2~3배는 더 큰 것이었다. 첼랴빈스크에 소행성이 충돌하고 16시간 뒤 이 소행성은 2만 7700킬로미터 떨어진 거리에서 지구를 스쳐지나갔다. 통신위성의 궤도보다 더 가까운 거리였다. 과학자들은 처음에 첼랴빈스크 소행성과 2012DA14 사이에 어떤 연관성이 있을 것이라고 생각했지만, 첼랴빈스크 소행성은 2012DA14와는 완전히 다른 궤도로 날아왔다. 그들이 같은 시기에 지구를 향한 것은 그저 우연일 뿐이었다.

2004년 과학자들은 지구에 아주 가깝게 접근하는 소행성을 발견했다. 이 타원형 소행성은 장축이 270미터에 달해 서울 63빌딩보다 20미터가 더 길다. 이집트 신화에 등장하는 악의 신

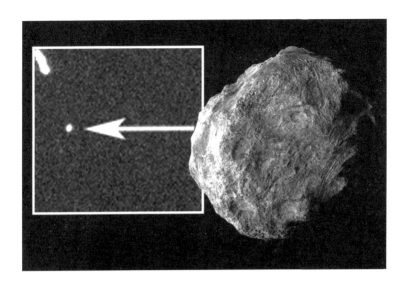

2021년 미국항공우주국에서 아포피스의 궤도를 정밀하게 분석한 결과 적어도 100년 내에는 지구를 위협하지 않을 것이라고 발표했다.

이름을 따온 아포피스 소행성은 2029년에 지구에서 3만 킬로미터 떨어진 곳을 스쳐지나갈 것이라고 예상된다. 지구의 정지위성보다도 가까운 거리다. 아포피스는 2036년에도 또 한 번 지구를 스쳐지나간다. 만약 이때 과학자들이 예상치 못한 변수가 생긴다면 지구에 충돌할 가능성이 있다. 과학자들은 이렇게 지구에 위협이 되는 모든 소행성들을 찾고 궤도와 구성 성분을 파악하는 데 총력을 기울이고 있다.

지상 최대의 작전

첫째도, 둘째도, 셋째도 발견

1994년 목성에서는 엄청난 규모의 충돌이 목격되었다. 1994년 슈메이커-레비 혜성이 목성에 충돌하면서 지구보다 더 큰 화염이 발생한 것이다. 이 충돌로 인해 목성의 충돌 지역에 있던 모든 것들이 사라졌다. 이 사건이 계기가 되어 미국의회에서도 소행성 충돌 대응에 관심을 갖기 시작했고 2000년대 들어서는 소행성 충돌 대응에 대한 국제 협력이 강화되었다.

2005년 미국항공우주국은 2020년까지 크기가 140미터 이상인 근지구소행성의 90퍼센트를 찾아내겠다는 계획을 발표하고 이전보다 3배가 넘는 근지구소행성을 발견했지만 목표치에 한참 모자란 수준이다. 다행인 것은 전 지구적 재앙을 일으킬 수 있는 1킬로미터 이상급 근지구소행성은 90퍼센트 이상 발견했

1992년 목성의 기조력에 의해 여러 조각으로 분해된 슈메이커-레비 혜성의 파편 크기는 수백 미터에서 2킬로미터까지 다양했다. 조각난 혜성의 파편이 목성과 충돌하기까지 2년이 걸렸고 인류는 역사상 처음으로 태양계에서 천체 간의 충돌을 목격했다.

으며 관측기술이 발전하면서 지구위협천체의 발견이 더 빨라지고 있다. 30킬로미터 이상인 가니메데나 에로스와 같은 소행성은 금세 발견되지만, 첼랴빈스크 소행성처럼 크기가 작은 근지구소행성은 1퍼센트 정도밖에 찾아내지 못했다. 작은 소행성은 충돌의 파괴력은 작으나 워낙 많기 때문에 충돌할 빈도가 높으며, 햇빛이나 주변 천체의 중력에 영향을 받아 궤도와 자전 주기가 바뀔 수 있어 추적 감시가 필요하다.

소행성을 발견하는 것이 힘든 이유는 다른 행성이나 별에 비해 점으로 보일 만큼 크기가 작기 때문이다. 소행성은 대부분

한국천문연구원의 주도로 남아프리카공화국, 호주, 칠레에 설치한 외계행성탐색용망원경시스템(KMTNet)으로 2019년 지구위협소행성 '2018 PP29'를 발견했다. 2018 PP29는 지름 160미터급 소행성으로 2060년대에 지구와 충돌할 가능성이 있으나 확률은 28억 분의 1로 매우 낮다.

광시야각 카메라나 망원경을 사용해서 움직임이나 밝기 등의 변화를 잡아내는 방식으로 발견되는데 크기가 작으면 작을수록 반사율이 낮아 발견하기가 더 힘들다. 물론 작더라도 반사율이 좋으면 쉽게 발견되는 편이나 소행성의 75퍼센트는 탄소질이라 빛 반사율이 2퍼센트 미만에 그친다.

소행성이 크다고 무조건 다 발견할 수 있는 것도 아니다. 소행성과 지구, 태양 간의 거리와 각도가 맞아떨어져야 관측이 가능하다. 지구가 태양과 달의 사이에 위치하면 보름달이 보이고 달이 지구와 태양 사이에 위치하면 햇빛에 묻혀 초승달 형태로 보이는 것과 같은 원리다. 소행성은 지구가 아닌 태양을 돌기 때문에 달처럼 주기적으로 모습을 드러내지는 않는다. 지구보다 태양에 가까운 궤도를 도는 소행성의 경우 태양에 숨어 모습을 감추고 있기 때문에 발견하기가 더 어렵다. 첼랴빈스크 소행성도 마찬가지로 태양을 등지고 지구에 몰래 접근해 모두를 놀라게 했다. 소행성이 모습을 드러낸 순간 날씨가 좋지 않아 관측할 수 있는 기회를 놓쳐버린다면 그 소행성의 존재를 충돌 직전까지 알아채지 못할 수도 있다.

이런 문제를 해결하기 위해 미국항공우주국은 2013년부터 광역적외선관측탐사선WISE을 이용해 우주의 어둠 속에 숨어 있는 소행성을 찾고 있다. 소행성은 태양광을 흡수하고 긴 파장의 적외선을 방출하기 때문에 적외선 망원경을 이용하면 반사율이 낮아 잘 보이지 않는 작고 어두운 소행성도 찾아낼 수 있다. 가시광선으로도 잘 보일 만큼 반사율이 좋은 소행성은 적외선 관측 결과와 비교하면서 크기와 움직임을 더 정밀하게 알아낼 수 있다. 현재 근지구소행성 관측에 쓰이는 적외선관측탐사선은 별과 은하를 연구하기 위해 개발한 것을 재활용하는 것이라 기능에 한계가 있고 수명도 거의 다해간다. 근지구소행성 탐사에 최적화된 적외선 우주망원경이 필요한 시점이다.

2019년에는 축구장만 한 크기의 소행성 2019OK가 지구와 달 사이 5분의 1에 불과한 거리까지 다가왔는데도 알아차리지 못했다. 2019OK를 미처 발견하지 못한 이유는 화성의 바깥쪽에서 길쭉한 타원형 궤도로 태양을 등지고 접근한 탓이었다. 또한 아주 멀리 있는 별들은 거의 움직이지 않는 것처럼 보이기 때문에 별자리와의 상대적인 위치 변화를 보고 근지구소행성의 움직임을 포착해야 한다. 2019OK처럼 상대적인 위치 변화를 파악하기 힘든 궤도로 날아오는 소행성은 더욱 발견하기 어렵다.

미국항공우주국은 이 사건을 계기로 광역적외선관측탐사선을 대신할 적외선 우주망원경 네오캠을 발사할 계획을 추진하기로 했다. 2006년부터 예산 부족으로 번번이 무산되었던 네오캠 계획이 2019OK의 출현으로 다시 탄력을 받았다.

네오캠은 지구와 태양의 중력이 서로 상쇄되는 라그랑주 L1에서 지구로 다가오는 불청객의 침입을 미리 알려주는 임무를 수행한다. 지구 공전궤도 안쪽에서 숨어 있는 소행성들과 어두워서 잘 보이지 않는 수많은 근지구소행성을 발견할 수 있을 것으로 예상한다. 광역적외선관측탐사선보다 몇 배나 더 넓은 시야각으로 크기가 140미터 이상인 지구위협천체와 30~50미터에 달하는 소형 근지구소행성까지 찾아내는 것을 목표로 한다.

하지만 네오캠 계획은 또다시 무산될 위기에 처했다. 이미 설계와 시험 단계를 거쳐 만들기만 하면 되는 상태지만 예산 확보가 되지 않아 몇 차례 미뤄지고 있다. 2019OK를 미리 발견하지 못한 것이나 2020년까지 140미터급 근지구소행성 90퍼센트를 찾아내지 못한 것도 결국 예산 부족 때문이다. 관측을 하려면 망원경이나 위성을 사용할 수 있는 예산이 필요한데 근지구소행성 탐지와 같은 장기적 대책은 항상 우선순위에서 밀린다.

2024년 발사 예정인 적외선 우주망원경 스피어X 구상도. 미국
항공우주국과 한국천문연구원 등 총 12개 기관이 참여해 공동
개발 중이다.

　　어디로 떨어질지 모르고 그 피해가 상상을 초월하는 소행
성 충돌의 대응은 이제 전 지구적 과제다. 2000년대 들어 소행성
충돌에 대한 국제적 협력이 강화되고 있다. 미국항공우주국의
주도로 지구방위합동본부PDCO 소행성센터를 운영 중이다.

　　소행성 충돌이 다른 재해와 다른 점은 미리 발견할 수만
있다면 대응할 시간이 있다는 점이다. 연구자들은 소행성을 발
견하기만 하면 궤도를 파악해 언제 어디에 충돌해서 어느 정도
의 피해가 발생할지 알 수 있다고 자신한다. 그래서 소행성 충
돌에 대비하려면 첫째도, 둘째도, 셋째도 미리 발견하는 것이
중요하다.

지구 주변에는 언제든 예고 없이 지구로 돌진할 수 있는 수만 개의 지구위협천체들이 존재한다. 전 지구적 위기를 방어하기 위해서는 잠재적 위협 중에서 진짜 용의자를 찾아내는 것이 관건이다.

용의자 표본조사

　　앞으로 10년 후 지구에 충돌할 수 있는 근지구소행성을 발견한다면 도대체 어떻게 막을 수 있을까? 미국항공우주국의 제트추진연구소 도널드 예맨스는 충돌 가능성이 있는 소행성을 정확하게 관측한다면 지구로 향하는 궤도를 바꾸는 방법이 가장 유력하다고 설명한다. 소행성의 궤도를 바꾸는 기술은 우주선을 충돌시켜 속도를 늦춰서 지구를 비껴 지나가게 하는 방법과 소행성 표면에 폭탄을 터뜨려서 방향을 바꾸는 방법이 있다. 이 방법을 시행하기 위해서는 소행성의 물성을 파악해야 한다.

　　2005년 일본 우주항공연구개발기구는 세계 최초로 지구에서 3억 킬로미터 떨어진 소행성 이토카와 탐사에 성공했다. 요시카와 마코토 연구팀이 개발한 탐사선 하야부사는 지구를 떠난 지 2년 만에 소행성 25143 이토카와에 도착했다. 도착하기 일주일 전부터 이토카와의 세부적인 형태가 드러났는데, 당연히 있어야 할 크레이터는 보이지 않고 구멍이 숭숭 뚫려 있는 형태의 소행성이었다. 이토카와에 착륙해 표면 물질을 채취한 하야부사는 5년 후 지구로 무사히 귀환했다.

　　연구팀은 하야부사가 가져온 표본을 연구해 이토카와가 겪은 수십억 년의 역사를 재구성했다. 과거 20킬로미터 정도의 거대한 소행성이었던 이토카와는 무수한 충돌과 파괴 끝에 겨우

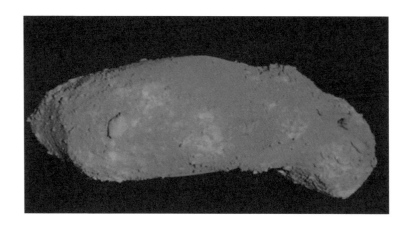

하야부사가 촬영한 이토카와의 모습. 최대 길이 540미터의 이
토카와는 2개의 돌이 붙어 있는 길쭉한 모습으로 표면에 자갈
이 많이 붙어 있다.

살아남은 잔해였다. 마지막으로 대규모 충돌을 겪은 시점은 약
13억 년 전으로 밝혀졌는데, 이를 통해 태양계의 46억 역사에서
최근 13억 년 전까지도 대규모의 충돌과 파괴가 일어났음을 알
수 있었다.

2018년에는 하야부사 2호가 지구에서 1억 5000만 킬로미
터 떨어진 소행성 16173 류구에 도착했다. 이토카와보다 조금
더 큰 900미터 크기의 류구 소행성은 근지구소행성 중에서도 특
히 지구에 충돌할 가능성이 높은 지구위협천체다. 류구의 표본
채취 과정은 소형탑재충돌장치로 표면에 직경 14.5미터 크기의
구덩이를 만들어 소행성 내부 물질을 채취하는 것이다. 태양풍
과 우주방사선의 영향을 받지 않은 소행성 내부 표본에는 태양

2020년 하야부사 2호는 류구에서 채집한 표본 캡슐을 지구에
배달하고 또 다른 소행성 탐사를 떠났다. 하야부사 2호의 새로
운 임무는 30미터 크기의 소행성 1998KY26을 탐사하는 것
이다. 하야부사 2호는 10년 뒤 목표 소행성에 도착할 예정이다.

계의 비밀이 담겼을 수 있다. 하야부사 2호는 인류 역사상 최초
로 소행성에 인공 크레이터를 만들고 40억 년 동안 잠들어 있던
지하 표본을 채취하는 데 성공했다. 이런 방식의 표본 채취는 류
구의 내부 물질을 채취하려는 목적도 있지만 소행성에 충격을
가해 궤도 변화나 폭파 가능성을 실험하는 것이기도 하다.

　　2016년 미국도 뒤늦게 소행성 탐사 행렬에 합류했다. 미국항
공우주국에서 개발한 탐사선 오시리스 렉스가 소행성 101955 베
누를 향한 7년의 여정을 시작했다. 1999년에 발견된 소행성 베
누는 크기가 500미터에 이르는 소행성으로 6년을 주기로 지구

에 접근한다. 약 2700분의 1 확률로 100여 년 뒤 지구와 충돌할 수 있는 지구위협천체지만 연구자들은 2135년 베누가 달과 지구 사이를 지나가면서 중력의 영향을 받으면 예측을 벗어난 상황이 발생할 수 있다고 우려한다. 2018년 3억 3400만 킬로미터 떨어진 베누에 근접한 오시리스 렉스는 주변을 탐사하다 2020년 표면에 착륙해 표본을 채취했다.

오시리스 렉스는 베누 표면에 천천히 하강한 후 로봇 팔에 달린 표본 채취기를 표면에 접지하고 압축 질소가스를 발사해 튀어오르는 자갈과 토양을 흡수했다. 약 10초 정도 소행성과 접지해서 표본을 채집하고 바로 이륙하는 터치 앤 고 방식이다. 베누의 표본이 담긴 캡슐은 2023년 지구에 도착할 예정이다. 연구진은 베누가 태양계 초기에 형성된 천체로 지금까지 거의 변형되지 않은 모습을 유지하고 있어 이 표본이 초기 태양계의 모습을 파악하는 데 중요한 자료가 될 것으로 기대한다.

위험 속에 기회가 있다

2012년 유엔은 소행성의 궤도를 바꿀 수 있는 기발한 아이디어를 공모했다. 그 결과 소행성에 흰색 페인트를 칠하자는 아이디어가 우승을 차지했다. 지구에서는 어림없는 일이지만 마찰이 없는 우주공간에서는 흰색 페인트가 햇빛을 반

2020년 미국항공우주국은 오시리스 렉스가 보내온 근접 관측 자료를 토대로 베누의 3차원 지도를 완성했다. 베누의 표면에는 탄소와 물이 존재할 가능성이 높으며, 만약 표본에서 탄소화합물을 발견한다면 소행성이 지구에 생명의 씨앗을 배달했다는 가설에 힘이 실리게 된다.

사하고 그 힘의 반작용으로 소행성을 밀어버릴 수 있다. 오랜 시간에 걸쳐 서서히 소행성을 밀어내야 하기 때문에 이 역시 소행성을 빨리 발견해야만 시도해볼 수 있는 방법이다.

비슷한 원리를 활용한 아이디어가 더 있다. 흰색 페인트 대신 '마일라'라는 폴리에스터 필름으로 소행성 절반을 덮어서 태양빛을 반사해 궤도를 바꿀 수 있다는 아이디어도 있고, 거울이 달린 위성으로 태양빛을 반사해 소행성을 데우는 아이디어도 나왔다. 태양열로 뜨거워진 소행성의 내부에서 수분과 가스가 분출되면 무게가 더 가벼워지고 이동 경로가 바뀌게 된다는 가설이다. 지구와 충돌하기까지 시간이 100년 이상 충분히 남았다면 이런 방법을 적용해볼 수 있겠지만, 10년 이내에 충돌 가능성이 있는 지구근접천체는 더 직접적으로 효과를 거둘 수 있는 작전이 필요하다.

소행성이나 혜성의 궤도를 바꾸는 것은 기술적으로 어려울

뿐만 아니라 조금만 예측이 빗나간다면 더 큰 재앙이 될 수 있다. 큰 책임이 따르는 일인 만큼 인류는 본격적으로 소행성의 궤도를 변경하는 실험을 시도하기로 했다. 미국항공우주국은 지구 주변으로 접근하는 디디모스 쌍소행성에 우주선을 충돌시켜 궤도를 바꾸는 다트Double Asteroid Redirection Test 프로젝트를 공개했다. 소행성 디디모스는 지름 780미터 크기의 디디모스와 그 중력에 묶여 있는 지름 160미터 크기의 디디문으로 이루어진 쌍둥이 소행성이다. 디디문이 지구와 충돌할 가능성이 있어서가 아니라 향후 있을 지구위협천체의 충돌에 대응하기 위한 예행연습을 하려는 것이다.

2021년에 다트 탐사선은 스페이스X의 팰컨9 로켓에 실려 디디모스 쌍소행성으로 향한다. 약 1년 후 다트는 지구에서 1100만 킬로미터 떨어져 있는 디디모스 쌍소행성에 도착한 후 디디문에 장렬하게 충돌할 것이고 목표는 공전 속도를 1퍼센트 정도 변경하는 것이다. 초속 500킬로미터로 이동하는 다트가 초속 6.6킬로미터로 공전하는 디디문과 충돌하면 초속 0.4밀리미터의 미세한 속도 변화를 일으킬 것으로 예상된다. 소행성의 공전 속도가 1퍼센트만 변해도 공전주기는 몇 분까지 달라진다. 또 시간이 지날수록 공전궤도는 더 크게 변할 것이다. 다트 탐사선이 충돌하고 소행성의 궤도가 어떻게 변경될지는 예측할 수 없기 때문에 지속적으로 관측해야 한다.

10톤에 달하는 무거운 우주선의 중력을 이용해 소행성을

다트는 디디문의 중심에 충돌하려는 목적을 이루기 위해 자동 주행을 위한 태양 센서와 별추적기, 20센티미터짜리 카메라 말고는 일체 다른 장비를 탑재하지 않는다. 다트 프로젝트의 목적은 우주선의 충돌이 효과적으로 소행성의 궤도를 바꿀 수 있는지 확인하는 것이다.

잡아끄는 방법, 소행성에 로켓을 장착해 다른 방향으로 움직이게 하거나 작은 소행성을 큰 소행성에 충돌시켜 궤도를 바꾸자는 아이디어가 제시되기도 했다. 이런 아이디어는 우주선의 중력만으로 거대한 소행성을 끌어당기기 힘들고 로켓을 설치하려고 해도 소행성이 자전하기 때문에 기술적으로 쉽지 않아서 현실성이 떨어진다. 로켓의 추진 제어에 문제가 생기면 엉뚱한 방향으로 밀어버릴 수도 있기 때문에 긍정적으로 검토하고 있지 않다. 이 밖에도 탐사선이 직접 충돌해 속도를 바꾸는 것 말고도 레이저나 폭탄을 쏘아 방향을 바꾸는 방법이 검토되었다.

　　미국 캘리포니아대학교 물리학과 교수 필립 루빈 연구진

은 소행성의 궤도를 변경하기 위해 DE-STAR라는 레이저빔을 개발 중이다. 레이저로 소행성을 파괴하는 것이 아니라 일부를 증발시키는 방식으로 소행성의 궤도를 변경하려는 것이다. 물론 한 방의 레이저로 해결되는 것은 아니다. 1메가와트급 레이저를 수년 동안 발사해야 300미터급 아포피스 소행성의 궤도를 바꿀 수 있고, 20킬로와트급 레이저도 궤도를 바꾸는 데 15년이 걸린다. 1메가와트급 레이저를 개발할 기술력은 확보되었으나 출력을 높일수록 비용이 높아지기 때문에 레이저로 궤도를 변경하는 것은 실현 가능성이 낮다.

영화 〈아마겟돈〉과 〈딥 임팩트〉에서는 지구와 충돌하기 직전의 소행성과 혜성에 핵폭탄을 터뜨려 궤도를 바꾸려는 시도가 그려진다. 핵폭탄으로 위협 천체를 없애는 것이 아니라 표면에서 폭탄을 터뜨리는 방식으로 일종의 발길질을 해서 지구를 비껴가게 하려는 것이다. 영화 속 상황처럼 충돌에 임박한 어마무시한 지구위협천체를 발견했다면 인류가 택할 수 있는 방법은 핵폭탄뿐일 것이다.

그러나 이 또한 변수가 너무 많다. 소행성의 크기에 따라 궤도를 바꿀 정도의 강력한 폭발을 일으킬 핵폭탄의 양은 상당할 것이며, 만의 하나 영화 〈딥 임팩트〉의 결말처럼 소행성이 쪼개져 지구에 떨어진다면 더 심각한 피해가 일어날 수도 있다.

천문학자들의 시선은 오랫동안 먼 우주를 향해 있었다. 우주의 법칙과 생명의 신비를 밝히고 더 먼 우주로 나가고자 했다.

소행성의 궤도 제어기술은 인류를 구원하는 기술이 될 수도 있지만, 만약 소행성이 지구를 비껴가도록 궤도를 바꾸는 것이 아니라 적대 관계에 있는 국가에 떨어지게 하는 데 사용한다면 최악의 무기가 될 수도 있다.

하지만 소행성은 우주를 이해하고 탐험하려던 천문학자들의 관심에서도 밀려나 있었다. 태양계가 태동하던 시기에 다른 행성들과 마찬가지로 태어났지만 그 존재가 알려진 것은 오래되지 않았다. 뒤늦게 알려진 소행성의 존재는 공룡을 멸종시켰듯 인류의 역사를 끝낼 수 있다는 두려움을 안겨주기도 한다.

전 세계 23개국의 과학자들은 2017년 6월 30일을 국제 소행성의 날로 지정했다. 이 날은 100여 년 전 퉁구스카에 소행성이 떨어진 날이다. 이 날을 기념하는 것은 소행성이 단지 위협적인 존재라서가 아니다. 소행성은 위험하기도 하지만 지구의 생명체에게 새로운 기회를 가져다주기도 했다. 과학자들 중에는 소행성이 생명의 기원이 된 씨앗을 지구에 전달했다는 가설을

16 프시케는 태양계에서 발견된 가장 독특한 소행성으로 일명 '보물 소행성'이라고 불린다. 16 프시케에는 인류가 수백만 년간 쓸 정도의 철, 니켈, 금, 백금 등이 있는 것으로 예측된다. 소행성은 창조와 파괴를 일으키기도 하지만 기회를 열어주기도 한다.

제시하는데, 지구에 떨어진 운석과 탐사선이 채취한 표본에서 발견된 유기화합물이 그 가설을 뒷받침한다.

6500만 년 전 칙술루브 소행성 충돌로 공룡이 멸종하면서 포유류의 시대가 열렸다. 대멸종이 휩쓸고 간 빈자리에서 인류는 지배적인 생명체로 진화할 수 있었다. 생명을 탄생시키기도 하고 멸종하게도 만드는 소행성은 인류의 시간을 단축시킬 수 있는 두려운 존재이면서 동시에 태양계 태초의 비밀을 간직한 타임머신이다. 우리는 이런 소행성을 연구함으로써 인류의 과거와 미래를 동시에 바라볼 수 있다.

지속가능한 대전환

살인적인 황사로 인해 얼굴을 가리고도 외출하기가 힘든 가까운 미래의 지구, 병충해가 기승을 부려 밀에 이어 오크라도 멸종하고 황폐해진 땅에서 유일하게 자랄 수 있는 것은 옥수수뿐이다. 기후변화로 전 지구적 기근이 지속되면서 굶주린 사람들은 대규모 폭동을 일으키고 각국의 정부는 분노한 군중을 향해 폭격을 명령한다. 민간인을 향한 폭격을 거부한 군대는 해체되고 모든 질서가 무너진다.

하지만 대책은커녕 먹을 것도 쓸 것도 사라지고 피폐해진 사람들은 싸울 동력마저 상실한다. 간신히 진정 국면을 맞은 세계는 그나마 남은 모든 자원을 식량난 극복에 쏟아붓지만 지구는 이미 임계점을 넘어 돌이킬 수 없는 상태다. 이제 인류의 생존을 도모할 수 있는 방법은 지구를 떠나 다른 행성으로 이주하는 것뿐, 멸종의 시계는 점점 빨라지는 가운데 과학자들은 마지막 희망을 찾아 나선다. 이것은 영화 〈인터스텔라〉가 보여준 지구의 멸망 시나리오다.

옥수수에만 의존해 살아가는 사람들에게 곧 벌어질 일은 과거의 역사에서 찾아볼 수 있다. 1840년대 감자에만 의지하던 아일랜드에 감자역병이 돌아 수백만 명이 대기근으로 목숨을 잃었다. 아일랜드의 인구 20~25퍼센트가 굶어 죽고 그나마 외국으로 이주하는 배에 몸을 실은 사람들도 절반은 땅에 발도 딛지 못하고 바다에서 생을 마쳤다. 단일 작물 의존도가 높은 아일랜드에서 식량 위기에 지주들의 착취와 부조리가 더해지면서 상황은 계속 악화되었고 결국 19세기 최악의 재앙으로 기록되었다.

지금 우리가 처한 상황은 그때와 얼마나 다를까? 100년 전에 비해 기아에 시달리는 인구는 꾸준히 감소했지만 여전히 세계 인구의 10분의 1이 기아에 허덕인다. 19세기 아일랜드 인구 800만 명과 비교했을 때 78억 인구 중 10퍼센트인 약 8억 명이 굶주리고 있으니 상황이 나아졌다고 보기 어렵다. 식량 생산 기술이 발전했고 실제 생산량도 전 세계 인구가 먹고 남을 정도로 충분한데 매년 300만 명이 넘는 아이들이 굶어 죽는 기이한 세상이다. 자본주의 시장에서 막대한 자금력과 독점 체제로 식량 공급을 주무를 수 있는 구조적 불평등은 식량의 부익부 빈익빈을 공고하게 만든다.

기후변화는 이러한 불평등을 한층 더 강화한다. 식량자급률이 낮은 국가들 대부분은 심각한 가뭄에 시달리는데다 곡물 생산을 주도하는 국가들이 기후변화로 한 해 농사를 망치기라도 한다면 그 피해는 식량 주권이 없는 나라에게 집중된다. 발 빠르게 화석연료를 토대로 산업화를 주도했던 선진국들은 100년 전부터 막대한 이산화탄소를 대기중으로 돌려놓으며 기후변화의 원인을 제공했다. 하지만 기후변화에 거의 기여한 바 없는 태평양의 작은 섬나라들이 지구온난화로 인한 해수면 상승의 직격탄을 맞는다.

문제는 여기서 끝나지 않는다는 것이다. 전 지구적 위기라는 것은 시작은 불평등의 틈바구니를 파고들어 한쪽을 먼저 무너뜨리지만 그 여파는 오밀조밀하게 연결된 복잡한 연결망을 따라 연쇄적으로 퍼져 나간다. 코로나19 팬데믹이 중국의 외딴 마을에서 시작해 미국의 중심부와 유럽의 선진국 수도를 강타하기까지 그리 오래 걸리지 않았던 것처럼 말이다.

먹고사는 데 고충이 크지 않던 나라들이지만 수많은 사람들이 밀집해 있는 대도시는 오히려 더 취약하다. 겨우 1미터도 채 떨어지지 않은 사람들 사이를 신나게 누비던 바이러스는 1년 만에 1억 명이 넘는 사람들을 감염시키고 수백 만 명의 목숨을 앗아갔다. 간신히 백신을 만들어 상황을 진정시키려는 차에 이번에는 변이 바이러스가 나타나서 사람들이 동요하고 있다.

이대로 가다가는 정말로 인류의 생존을 위해 지구를 떠나 다른 행성으로 이주해야 하는 일이 벌어지는 것은 아닐까? 우주기업 스페이스X를 창업한 일론 머스크는 다른 행성으로 이주해 인류 문명을 지속할 계획을 실행에 옮기고 있다. 그는 인구는 증가하는데 식량은 부족하고 환경오염도 심한 지구에서 인류가 지속적으로 살 수 있을지 의문을 품었다. 문제투성이 지구에서 종말을 기다리며 사는 대신 지구를 벗어나 화성으로 이주해 다행성종으로 살아남아야 한다는 비전을 세운 것이다. 일론 머스크가 그린 미래를 헛된 꿈이라고 일축하기에 지금 지구에서 벌어지는 위기는 영화보다 더 영화적이다.

시선을 우주로 돌린 것은 머스크뿐만이 아니다. 달의 극지에 풍부한 물이 있다는 게 확인되고 화석연료를 대체할 새로운 에너지원인 헬륨3가 달에 지천으로 쌓여 있다는 게 알려지면서 세계 각국은 앞다퉈 우주 개척에 나서고 있다. 달의 자원지도가 완성되었고 달 기지를 현지에서 조달한 자원으로 지을 수 있는 기술이 개발되고 달 궤도에 띄울 우주 정거장 프로젝트가 진행중이다. 아예 달을 화성으로 가는 전진기지로 활용하겠다는 구상도 구체화되고 있다.

영화 〈인터스텔라〉처럼 웜홀을 이용해 공간을 이동할 수는 없지만 현재 인류의 과학기술 수준에서 가능한 계획들이 실행에 옮겨지고 있다. 이런 규모의 프로젝트는 하나의 연구소나 하나의 선도 국가가 독자적으로 진행할 수 있는 것이 아니기 때문에 각국의 연구진은 컨소시엄을 구성하고 각자의 분야별 기술을 공유하고 협력해서 하나의 목표를 향해 달려가고 있다.

기후변화, 전염병, 식량 위기, 자원 고갈, 환경오염과 같은 문제는 결핍이 아닌 과잉 성장에서 비롯된다. 인류가 당면한 위기를 극복하고 살아남기 위해서는 성장을 바탕으로 한 경쟁의 시대에서 내실을 다지는 공존과 협력의 시대로 나아가야 한다는 것이 분명해졌다. 한편으로 단기적 성장에 초점을 맞춘 글로벌 공급망이 위기에 얼마나 취약한지 이제라도 깨달았고 각국의 정부는 복잡하게 얽힌 공급 체계를 단순화하고 로컬화하면서 장기적인 안정성을 확보하려고 노력 중이다.

그린혁명은 공장, 집, 자동차에서 주변의 사물에까지 센서를 부착해 네트워크에 유기적으로 연결하고 전기 생산에도 혁신을 일으키고 있다. 모든 건물은 태양광 발전소의 역할을 하며 전기 자동차 충전소가 되고 쓰고 남은 전기 자동차의 전기를 다시 일상생활에 활용할 수 있는 방법들이 고안되고 있다. 이렇게 되면 여분의 에너지를 낭비하지 않고 필요한 곳에 보낼 수 있는 로컬 생산형 글로벌 에너지 네트워크가 형성된다.

이상기후로 인한 재난이 발생하더라도 각 지역별로 독립적인 재생에너지 발전이 가능하기 때문에 유연하게 대처하면서 긴급하게 조달해야 할 에너지를 네트워크를 통해 공급받을 수 있다.

마찬가지로 과학자들은 해수면 상승에 대한 해결책으로 해상도시를 건설하고 농축업에서 발생되는 온실가스와 자원 낭비를 줄이기 위해 대체육, 식물공장 등 다양한 방법으로 혁신을 꾀

한다. 이와 같은 각계각층의 크고 작은 노력이 모여 거대한 변화를 일으킬 수 있다는 희망을 품고 전 세계가 하나 되어 수행하는 지상 최대의 작전에 서막이 올랐다. 위기가 기회라는 말이 있듯 전 세계 국가의 정치적 타협과 과학기술의 발전 그리고 성장과 경쟁이 아닌 공존과 협력을 믿는 수많은 사람들의 바람과 행동이 합쳐진다면 우리는 분명 지속가능한 대전환을 이끌어낼 수 있을 것이다.

주

1 〈지구의 초기 대기〉, 케빈 잔니, 2010, NCBI

2 『파란하늘 빨간지구』, 조천호, 동아시아

3 『코스모스: 가능한 세계들』, 앤 드루얀, 사이언스북스

4 『대멸종 연대기』, 피터 브래넌, 흐름출판

5 『2050 거주불능 지구』, 데이비드 월러스 웰즈, 2020, 추수밭

6 『빌 게이츠, 기후재앙을 피하는 법』, 빌 게이츠, 2021, 김영사

7 『파란하늘 빨간지구』, 조천호, 동아시아

8 〈이산화탄소 배출 1위 철강산업의 딜레마〉, 이근영, 2019, 한겨레

9 〈지구온난화가 영구동토 붕괴 부른다〉, 강석기, 2019, 동아사이언스

10 〈논문 18편으로 살펴본 코로나19 전망 : 2022년까지 사회적 거리두기?〉, 곽노
   필, 2020, 한겨레

11 〈물리적 거리두기와 마스크의 방역 효과, 예상보다 더 좋았다〉, 이정호, 2020, 경
   향신문

12 『코로나 사피엔스』, 최재천 외, 2020, 인플루엔셜

읽을거리

『2050 거주불능 지구』, 데이비드 월러스 웰즈, 추수밭

『6도의 멸종』, 마크 라이너스, 세종서적

『거의 모든 것의 역사』, 빌 브라이슨, 까치

『기후는 인류 역사에 어떤 영향을 미쳤을까?』, 김기명, 방미정, 와이스쿨

『대멸종 연대기』, 피터 브래넌, 흐름출판

『멸종』, 김시준, 김현우, 박재용 외, MID

『멸종』, 데이빗 라우프, 문학과지성사

『바다의 습격』, 브라이언 M. 페이건, 미지북스

『빌 게이츠, 기후재앙을 피하는 법』, 빌 게이츠, 김영사

『사피엔스』, 유발 하라리, 김영사

『성장의 한계』, 도넬라 H. 메도즈, 데니스 L. 메도즈, 요르겐 랜더스, 갈라파고스

『세상은 어떻게 끝나는가』, 크리스 임피, 시공사

『시간의 지도』, 데이비드 크리스천, 심산

『언컨택트』, 김용섭, 퍼블리온

『얼음 없는 세상』, 헨리 폴락, 추수밭

『오늘부터의 세계』, 안희경, 제러미 리프킨 외, 메디치미디어
『우리는 지금 빙하기에 살고 있다』, 더그 맥두걸, 말글빛냄
『인류는 어떻게 기후에 영향을 미치게 되었는가』, 윌리엄 F. 러디
먼, 에코리브르
『인류의 미래』, 미치오 카쿠, 김영사
『지구의 미래』, 세계일보 특별기획취재팀, 지상사
『진화의 키, 산소 농도』, 피터 워드, 뿌리와이파리
『총, 균, 쇠』, 재레드 다이아몬드, 문학사상
『최악의 시나리오』, 카스 R. 선스타인, 에코리브르
『파란하늘 빨간지구』, 조천호, 동아시아
『코로나 사이언스』, 기초과학연구원(IBS), 동아시아
『코로나 사피엔스』, 최재천 외, 인플루엔셜
『코로나 사피엔스, 새로운 도약』, 김누리, 장하준 외, 인플루엔셜
『클라우스 슈밥의 위대한 리셋』, 클라우스 슈밥, 티에리 말르레, 메
가스터디북스
『AD 2100 기후의 반격』, MBC, CCTV, MBC C&I

PHOTO CREDITS

103p 마린해양연구소의 플로팅 폰툰 시스템: ©www.spaceatsea-project.eu | 북앤포토
114~115p 오셔닉스 시티: ©OCEANIX/BIG-Bjarke Ingels Group
251p 달의 앞면과 뒷면의 지질분포도: ©NASA/GSFC/USGC
258p 아르테미스 1호: ©NASA Photo by Isaac Watson/UPI | 연합뉴스
263p 한국의 우주탐사 구상도: ©한국항공우주연구원 제공
295p KMTNet: ©한국천문연구원
298p 스피어X: ©NASA/Caltech/SCIENCE PHOTO LIBRARY | 북앤포토
그 외 EBS, NASA, 셔터스톡

지상 최대의 작전
GOLDEN TIME

1판 1쇄 발행 2021년 5월 20일

지은이 이한결

펴낸이 김명중
콘텐츠기획센터장 류재호 | 북&렉처프로젝트팀장 유규오
북팀 박혜숙, 여운성, 장효순, 최재진 | 북매니저 전상희 | 마케팅 김효정, 최은영
기획·책임편집 고래방(최지은, 원영인) | 디자인 말리북(최윤선, 정효진)
인쇄 재능인쇄 | 일부 사진 진행 북앤포토

펴낸곳 한국교육방송공사(EBS)
출판신고 2001년 1월 8일 제2017-000193호
주소 경기도 고양시 일산동구 한류월드로 281
대표전화 1588-1580 홈페이지 www.ebs.co.kr
전자우편 ebs_books@ebs.co.kr

ISBN 978-89-547-5795-9 04400
ISBN 978-89-547-5667-9 (세트)